U0233228

# 男人脸书

## 男士护肤必修课

宋仲基 × 黄珉荣 著
孔祥柏 译

广西师范大学出版社
·桂林·

男 士 护 肤 必 修 课

# 男人脸书

Prologue1.

# {开始吧，美肤男计划！}

大家好！我是宋仲基。最近爱美的男人有逐渐增加的趋势。可见大家对“维持皮肤的柔嫩及干净，才是首要的自我管理之一”这样的观念已经有了认同的第一步了。“好皮肤”慢慢在男人之间变成了非常重要的关键词。在我们的周围，可以随时看到不单单是为了拥有白皙的皮肤而努力，而是为了拥有朝气蓬勃的皮肤，为了拥有结结实实的皮肤而自我保养的男人，还有积极地妆扮自己，来让自己看起来更帅气一点的男人。

对于常常要在各种场合露脸，成为公众人物的我来说，必须非常认真地来保养自己。透过高画质的电视画面，可以清晰地看到我脸上的毛孔甚至汗毛，而朋友们往往在看到我没有任何困扰的皮肤之后，就会对我羡慕而称赞地说：“真的是天生丽质”或“应该是请皮肤专家，超用心地来保养的吧？”每当听到这些话，我的心里就会产生一股非常骄傲的满足感。事实上，我保养皮肤的历史可久了呢。

其实我自小学一年级开始，一连当了九年的短道竞速滑冰选手。因为要在既干燥又冰冷的冰道上长时间运动，如果不仔细地把脸洗干净、不妥善好好保养的话，皮肤很快就会完蛋。只要稍微粗心一点，整张脸马上就会因干燥而龟裂，甚至因冻伤而泛红。因此从那个时候起，就养成了“洗完脸之后一定要在上面涂一层保湿乳液”的小习惯。当初只不过是不想成为一个“脸皮红红的土气小男孩”，但在经过长时间慢慢累积之后，现在已经把我带入了足以被别人称之为美肤男的行列了。而且拜这些小习惯所赐，许多化妆造型师称赞我说：“比一般女人的皮肤还要好。”原来被别人赞美为“皮肤很好”，并不只是只有女人才会高兴。

好，现在就让我们敞开心怀，实话实说好了。你是不是曾经在心里面自言自语地说过，我也想成为美肤男啊！其实只是自己不知道而已，只要有人愿意来指导，你应该也会开始对自己的皮肤感兴趣的。是吧?

其实管理皮肤这件事情，就跟看书、运动或是享用美食没什么两样。这也只不过是为了塑造一个更棒的自己，而投入一些时间而已。所以，现在就给自己的皮肤一次机会吧。身为一个开始保养皮肤的男人，我愿意跟你一起努力。这本书，就是为了这个目的才出版的喔。

你的好朋友　宋仲基

Prologue2.

# {男人们，唯独化妆品，就由你自己去买吧}

大家应该都有这种经验吧？听说最近美肤男大受欢迎，于是乎瞄了一眼镜中的自己。没想到看着自己的面孔，完全说不上什么话。不，应该不是说不上什么话，而是根本就不知道该如何检视自己的皮肤才对吧。

为了想要让自己的脸上有光泽，就像弃暗投明似的鼓起勇气来到了化妆品专柜，却又完全看不懂化妆品上面那些弯弯曲曲的字。等好不容易打起精神来的时候，只看到专柜的小姐已经在刷着自己的信用卡结账，而自己只是傻傻地呆立在一旁。一下子化妆水，一下子乳液，一下子精华液，一下子又萃取液，洗完脸之后到底要涂哪几样，而且到底要从哪一样开始涂起，想要问却又不知道该怎么问，只能一个人在心里暗自滴血，这种经验是不是让人很不舒服？你说我怎么会知道？因为现在大韩民国大部分的男人，都有着共同的烦恼呢。

“一个大男人的皮肤怎么会这么好啊？”这是我出门采访的时候常常会被别人问到的问题。对这些好奇得好像想要拿起放大镜来检验而且立刻就要采取攻击模式的人，我向来都用同样的话来回答：“可能因为我家是开浴室的吧。”虽然这也是个事实，但绝不可能是个正确答案。就像是许多成绩拿第一名的人，以及在电视里面出现的美女一样，绝对没有道理“什么都没做，就很自然地这样的”吧？

天底下没有白吃的午餐，男人的皮肤也是一样的道理。如果想要让自己的皮肤变好，那就要好好地下工夫，而且还要有毅力地持续下去。久而久之，皮肤就会因自己努力的程度，相对地来回报你。哪怕是一直对皮肤放任不理，只要开始对它予以关注，相信绝对会产生变化的。当然，这就像是不可能在龟裂的土地上浇了一次水就立刻变成绿油油的大地一样，是需要你不停地、正确地给予适当的滋润才行。

现在的世界，早已发展成为男人们不该只等着别人送礼物，而应该亲自去选购化妆品的时代了。不要再依靠女朋友被广告迷惑而买来给自己用的化妆品，更要拒绝姐姐像是施惠一般丢给自己用的化妆品样品！“当然要像男人一样使用男人的化妆品。”像“女人的化妆品比较柔和，所以应该会更好一点”的这种让人感觉很愚蠢又没有常识的想法，也请你从美肤男的世界中把它们丢弃。

是的，我也很清楚。明明知道能变好，但却因为感到麻烦而不去做。这也正是男人们悲哀的本能！但是一想到如果有那么一天，自己的面孔开始发出光彩，而能够吸引她的视线来偷看自己的脸庞，那你的想法会不会改变呢？我在此断言，这其实易如反掌。如果你也会羡慕电视剧里面那些花样美男光滑的皮肤，就请你现在开始下工夫吧。

你问我要怎样下工夫？这太容易了，只要你一页一页地，把这本书慢慢翻开就行了。跟天下的最美的男子，足以代表演艺圈的美肤男仲基一起，我这个全国唯一的男性美容编辑，为了男人，以男人的立场，会把宝藏一般的知识向大家倾囊相授，各位只要像去餐馆用餐的客人一样，只要负责用餐就行了。然后敬请拭目以待，你一定会比今天的你，变得更帅。

你的美容主编　黄珉荣

Prologue

CLARINS MEN
Aēsop.
Chamomile Concentrate
LOV
L'OREAL

PROJECT 1.

**Men & Skin**

# 男人的皮肤，先了解之后再出发吧

以前我们只知道但是并没有真正搞清楚，
男人皮肤是为了要获得保护而存在。

## 跟宋仲基一起变帅起来吧（Let's be handsome）

# 就因为是男人，才更要保养皮肤

“喂，一个大男人干吗要对皮肤那么费神啊？”

今天就在我走进电视台的时候，听到了某个人这样说。一个男性工作人员在看到了自己变糟的皮肤之后自言自语了两句，结果在他身旁的另一个工作人员捶了一下他的肩膀，然后就对他这么说。当时我真的很想立刻跑过去，对他说：“老兄，你在胡说些什么呀～”然后跟他长篇大论一番。无奈当时正值现场直播的准备时间，因此也只好忍住想要劝说的嘴巴，假装没事一般走开了。

其实类似这样的对话，在男人之间是常常会发生的。而我在成为演艺人员之前，也常常受到周遭男性朋友们的这种不算是责骂的斥责。说男人只涂收敛水就好了，干吗还要像个女人一样找东西往脸上涂涂抹抹。其实刚开始的时候我也是这么想的，但是在我当了九年的短道竞速滑冰选手的过程中，开始保养我的皮肤，而且慢慢累积对皮肤研究的知识之后才发现，就因为是男人，所以才需要更加好好保养皮肤。

到目前为止，好像还有很多人认为皮肤保养是一件“不够 Man 的事情”，而每当我听到这些话的时候，我的心里就会有点闷。难道对皮肤多费点心思，男性的性别象征就会消失不见吗？认为不断地锻炼肌肉而练出巧克力腹肌就会变得很 Man 的男性们，就让我们一起来好好想一想吧。就算你的腹肌已经锻炼成巧克力一般漂亮，当看到你锻炼的肌肉而感叹万分的女性，慢慢抬起头来看到你满脸茂密的青春痘，以及油渍渍的脸孔……你以为，她

© ezio

真的还会把你当成是美男子来看待吗?

当我们第一次见到别人打招呼的时候，我们第一眼会看那个人的什么部位呢？藏在你衣服下面的六块肌？身高？你用什么皮夹？绝对不可能。人们在第一次见面的场合，最先看的就是对方的脸孔。在第一印象之中脸孔占有多大的比重，我想不用我来多做说明，大家也都应该心知肚明了。应聘工作时的面谈、介绍异性朋友的场合、第一次见女朋友的父母、商场上的聚会……凡是人与人之间见面的场合，最先见到的就是那一张脸。这么重要的脸！如果说天生的耳目口鼻，在不整形的情况之下是无法改变的，那么经过努力之后，唯一可以改善的部位会是哪里呢？！是的，就是皮肤！是皮肤！！如果能费多一点心思照顾，就一定会有所回报的就是皮肤保养！男人们，我们可以存活下去的方法就是皮肤保养！！

皮肤保养，是为了提升自我竞争力的许多方法中的一种。只要经过些许的努力，就可以得到意想不到的大成果。而健康的皮肤，也就是善待自己的最佳明证。

一心只想要交到一个拥有婴儿般柔嫩皮肤的女朋友，但却随便放任自己的皮肤，是我们应该要仔细思考的问题了，而且更应该好好反省自己！现在就让我们站在镜子前面，用双手抚摸着自己的脸颊，然后好好地向它道个歉说："很抱歉，我之前对你太随便了。"

我们一起来开始吧!

仲基的魅力忠告（Charming Advice）

# 多彩多姿的男性皮肤常识 Mission 1.

如果想要战胜敌人，就必须要先了解敌人。因此如果想要保养皮肤，那就要先去了解皮肤。在说明如何保养皮肤之前，就让我们先来了解一下男人的皮肤吧。

## 男人的皮肤要比女人来得厚?

Yes. 一般来说，男人的皮肤比女人厚是事实。而就因为女人的皮肤比男人薄，因此在受到同样刺激的时候，比男人更容易出现皱纹。不过男人们，可千万不要因为皱纹出现得慢，就傻愣愣地在一旁高兴。

就是因为男人的皮肤比较厚，所以一旦皱纹刻在脸上，就会变得无法收拾而且还会刻得很深！而如果说女人的皮肤像是薄薄的丝绸一般，那么男人的皮肤就像是厚厚的铁皮一样。用熨斗来烫铁皮，你能想象吗?

虽然躲在皮肤里面慢慢地生成，却因为厚度无法马上看见，而某一天突然跑出来说“我在这里”的，就是男人的皱纹。所以如果不想拥有皱巴巴的眼角纹、看起来老抠抠的八字纹以及看起来坏脾气的额头纹等这些会让男人看起来至少老十岁以上的三重皱纹，那就必须要开始勤劳地进行表情保养＋性格保养＋皮肤保养。因此，现在就立刻到化妆品专柜大喊：“喂～什么东西对皱纹保养有效?”

## 男人的脸孔比女人更油亮?

Yes. 大体上来说，男人的油分要比女人来得多。据说这是因为男性荷尔蒙会让皮脂腺变得比较发达，所以皮脂的分泌量与速度也比女人快。所以男人的脸孔会比女人更容易出油。

但这也只是说明相较于女人皮脂分泌量比较多而已，并不是说所有的男人都会因“油光满面”而感到烦恼。因为让皮脂腺发达的男性荷尔蒙，会因人而异。所以，只要是脸孔很容易出油的人，无论是男人或是女人，都已经到了必须要开始进行皮肤保养的状态。

## 刮胡须对皮肤不好?

Yes. 用任何一种刮胡刀刮胡须，都会对皮肤产生刺激。因为就算肉眼看不到，在刮胡须的过程中，皮肉也会遭到些微的割削。但也不可能因为刮胡须对皮肤不好，就为了成美肤男而不刮胡子了。

所以刮胡须要注意的重点并不是要完全消除刺激，而是要把对皮肤造成的刺激降到最低。生产刮胡刀的公司，也是为了要解决这方面的问题而无时无刻不在进行着研究。因此，如果想要成为一个美肤男，必须要先搞清楚刀刃刮胡刀与电动刮胡刀，到底哪一种对自己皮肤造成的刺激比较低，对自己较为适合的刮胡刀是哪一种，刮完胡子之后要怎样照护肌肤才能把对皮肤造成的刺激降到最低，这样才是正确的。

## 男人的皮肤要比女人来得干燥?

Yes. 相较于女人，男人不容易留住皮肤里面的水分。也因为如此，男人的皮肤会比女人更容易干燥。如果皮肤干燥，就会像农田遭逢干旱而变得龟裂，然后失去凝聚力而使皮肤绷得紧紧的。(光用“紧绷”来形容，还不足以表达“绷得紧紧的”那种感觉，从字面上应该可以感受到两者之间的差异…… ^_^)

那该怎么办? 既然是因为水分不足而造成的，那就只要补充水分也就万事 OK 啦。问题在于，这并不是只靠收敛水一种化妆品就可以完全搞定。

因为收敛水最大的功效并不在于供给水分，而是在于镇定肌肤，以及把皮肤上残余的老废物质清理干净。

不过因为收敛水是液体的形态，所以常常让人搞不清楚。由于收敛水里面含有酒精的成分，因此在接触到皮肤的时候，非但不会补充水分，反而会立即蒸发，而且顺便把皮肤原先的水分也一并带走。所以跟收敛水像是最佳拍档一般密不可分得的东西，就是乳液。乳液不只会给皮肤补充水分，而且还会在皮肤表面形成一层薄膜，防止水分立刻蒸发。也就是说，看起来像水的不是水，而看起来不像是水的并非不是水！（我好像说得太简单了。）

## 男人比女人更加容易长青春痘?

再怎么说，也是 Yes. 青春痘最大的关键点就是皮脂。如果是像女人一般每天化妆，而且又用许多有机能的化妆品，那原因或许就会有很多种。但是对选用化妆品很单调的男人来说，除了皮脂之外就不会再有其他的原因了。比女人的皮脂分泌要旺盛的男人，青春痘冒出来的可能性当然也比女人来得大。

不过也不要因为如此就急着唉声叹气。因为换个想法从乐观的角度来看，只要能好好保养皮脂，那么就可以把目前长出的青春痘至少减少一半以上！而一项残酷的数据指出，脸上长出青春痘的时候，有 70%是用手挤掉的。所以就算自己是再厉害的挤青春痘达人，还不如从一开始就不让青春痘冒出来，这才是对皮肤最好的方法。

## 男人的皮肤要比女人黑?

暂时先说 Yes. 一般来说，男人的皮肤颜色是比女人深一点。而且会随着年纪的增加，皮肤颜色也会变得更加红黑。不过，与其说是先天的原因，还不如说是后天因素造成的。因为男人比较不在乎隔离紫外线的重要性，因此随着时间的增长，黑色素慢慢堆积之后，皮肤也就变得愈来愈黑了。

酒、香烟等的影响力也不容小觑。健康的古铜色肌肤看起来固然很有魅力，但是死气沉沉的黑皮肤却无法让人产生好感。这应该不用我多说了吧?

## 男人因为不用化妆，所以洗脸的时候随便洗一洗就好了？

这是什么傻话，No!! 男人虽然因为不用化妆，所以省去了跟女人一样卸妆的过程（演艺人员的情况当然不同），但绝不可以因此而随便往脸上抹抹水，甚至于不去洗脸。反而因为男人的皮脂分泌比女人旺盛，而且皮肤又更容易暴露在吸烟或喝酒的恶劣环境之中，因此要更加仔细地清洗干净。说自己没化妆所以不必好好清洗，这可真是个非常错误的辩驳～！

### 重点整理 *

1. 男人的皮肤要比女人来得厚，所以皱纹会刻得更深、更浓。
   → 所以不要掉以轻心，而应该尽早做好防止皱纹保养。
2. 由于男人的皮脂分泌要比女人来得旺盛，所以比女人的皮肤显得更油光满面。
   → 所以要比女人更勤做皮脂保养。
3. 刮胡须就像是在削割自己的皮肤，没有刺激地刮胡须是不可能的。
   → 所以要找出让自己的皮肤最不受刺激的方法，刮完胡须之后，要对皮肤多费点心思保养。
4. 男人不容易留住皮肤内的水分，因此皮肤比女人更容易干燥。
   → 所以要比女人更留意皮肤的保湿。
5. 就因为男人的皮脂分泌比较旺盛，所以更容易长青春痘。
   → 所以只要对皮脂保养稍加注意，青春痘的烦恼就可以减少很多。
6. 男人皮肤红黑的理由，是因为疏于隔离紫外线。
   → 所以要学着隔离紫外线，才能逐渐接近奶白色皮肤。
7. 男人比女人更容易暴露在各种危害皮肤的恶劣环境之中。
   → 所以就算是没化妆，拜托每天也务必要清洗一两次脸。

黄主编的修饰忠告（Grooming Advice）

# 你的皮肤类型是？

Mission 2.

如果想要“正确地”做好皮肤保养，那要先“正确地”认清楚自己的皮肤类型。这虽然看似容易，但其实也有一点复杂。因为皮肤的状态，会因为时间以及环境的改变而有所不同，所以并不能完全断言为某一类型。首先掌握自己的皮肤为哪一类型乃是皮肤保养的出发点，为了便利起见，就先依照一般的皮肤类型来逐一分析说明好了。毕竟第一颗纽扣是非常重要的，我们就慎重一点。

“修饰”(Grooming)一词，是指男性美容的新潮语。包含了皮肤、发型、牙齿、整形手术等所有的范围。最近的男性修饰，已经成了世界潮流。

## 脸皮松松垮垮，而且皮肤又很紧绷！→ 你属于干性皮肤！

虽然平时维持着湿润的状态，但只要稍微疏于保养，脸蛋立刻就会变干燥的你，是欠缺必要油分的皮肤。说得简单一点，就是缺乏保护层。虽然用手抚摸的时候皮肤感觉有些柔嫩，但只要用指尖稍微用力推挤，皮肤表面马上就会出现皱纹。洗过脸之后只要稍微耽搁涂乳液的时间，皮肤就容易干燥，因此脸皮常常感到很紧绷。严重的时候嘴的周围与脸颊上面，还会起一层白白的角质。

**→ 处方签：唯有保湿，才是活路！**

皮肤之所以会干燥，主要是由于环境、先天的皮肤类型或错误的皮肤保养等因素造成的。因此要利用保湿成分丰富的化妆品来保护皮肤，不过绝对不可以因为皮肤松松垮垮就往脸上乱抹一通。因为涂上过多的化妆品，反而会对皮肤造成负担。如果用乳液仍然感觉无法补充水分，则可以大胆地省去不用，而直接使用效果更为明显的保湿乳霜。

## 鼻子黑黑、额头亮亮 → 你属于油性皮肤!

与皮肤透出亮丽光彩的高贤廷大姐彻头彻尾差别很大的油亮! 让人感到负担的闪闪发光的油性皮肤，这是皮脂涌出得太过旺盛而让人感到烦恼的皮肤类型。皮脂分泌过度，也代表着毛孔相对粗大。而从粗大毛孔中流出来的皮脂与污染物质相结合之后，八九不离十，会在鼻子的周围散布出很多黑头粉刺。这是很容易长出青春痘与各种面疱的皮肤类型。

由于油分与水分并不相同，所以油分充沛，并不能代表着水分充足。这是需要保养的事项最多，如果不严加管理就会马上出状况，而让人感到哀叹的皮肤类型。

**→ 处方签：唯有控制皮脂分泌的产品，才能挽救你的问题。**

油性皮肤最大的敌人就是青春痘! 但是比起为了杀掉毛孔里的青春痘菌，而去用高浓度酒精成分的强效收敛水来刺激皮肤，还不如使用可以去除角质、分解角质与皮脂或是有抗菌效果的洗面奶来得更有效。

另外选择使用油脂成分少、吸收效果佳，从而让油亮的状况相对减弱的产品会比较好。含有泥土成分而可以吸附皮脂的产品也值得使用。而且最好要记得,既然想要把跟汗水混浊在一起的油分（又名脸油）用面纸擦掉，还不如使用吸油纸更有效，而且也能减少对皮肤的刺激。

## 平常没什么问题，但一到换季的时候就开始担心 → 你属于中性皮肤!

油分与水分很适中的中性皮肤。虽然每逢换季的时候会稍微转变而成为油性或干性皮肤，但是个平常不必太过于操心，而且是受到祝福的皮肤类型。不过就算是受到祝福而降临到这个世界上，如果疏于保养，仍然会带来令人后悔的事呢！皮肤的未来没有任何人知道，因为皮肤的状况每天都会不同，而且每年都会改变！不经保养而一下子毁掉的人，我可是见多了呢～！

→ **处方签：请随着季节的变化，轻松地保养即可。**

中性皮肤在碰到气温高升的夏季气候，皮脂的分泌量会变多而变成油性皮肤；而冬季的时候皮脂的分泌量会变少，又会变成干性皮肤。所以与其放任不管而将来后悔，而不如每逢季节变换的时候予以适度的关怀。方法请参考干性皮肤与油性皮肤的处方签。

## 这种那种混合在一起 → 你属于混合性皮肤！

这是种如果要他说出一个令其最烦恼的问题，有可能整个晚上都说不清楚的皮肤类型。在同一张脸蛋上同时具有干性皮肤及油性皮肤的特点，脸上的各部位都有其不同的类型。一般来说，这种类型的额头与鼻子的部位是油性、而脸颊与下巴的部位是干性的状况比较多。而且在碰到季节变换的时候，各部位的皮肤状态又会改变，是个非常恼人的皮肤类型。

→ **处方签：只能用“复合式”保养模式。**

就因为有些部位油亮、有些部位紧绷，所以随着天气或周边环境的变换，要同时管理皮脂与角质的问题。如果想成因部位的不同而处以油性或干性的处方，那么感觉上也就没那么困难了。必然会油亮的额头与鼻子部位（又名T字部位)，在洗脸的时候洗得更仔细一点；而必然会干燥的脸颊与下巴部位（又名U字部位)，则是尽量想办法保湿。先用油性皮肤使用的化妆品做基础保养之后，在干燥的皮肤部位用精华液补充水分，这样就行了！

上述的皮肤类型，只不过是为求便利，而“非常简单地”做了个区分而已，因此也不必刻意去对号入座。与其烦恼“我到底是哪一类型”，不如设想“原来我的皮肤在这种状态下应该要这样保养呀”。这样的想法比较正确！

我是比较接近油性，
尤其到下午的时候更会油光闪烁~

我的皮肤偏向干燥。
因此我是在用生命来保湿我的皮肤。

## 了解得愈多，会变得愈柔嫩

# 我的美肤男指数为？

想要成为美肤男的最后准备阶段。现在就让我们来检验一下自己的美容观念及基本常识吧。虽为男人，身为男人，凡是男人一定要知道的美容题问答！

检验题（Check）*

(　).1 收敛水（Skin）与化妆水（Toner），分别是保养皮肤过程的开始及结尾的不同产品。

(　).2 脸孔紧绷的原因，是表示皮肤的水分不足。因此尽可能地往脸上抹水就可以解决。

(　).3 刮胡须与洗脸的先后次序，只要依当天的心情来决定就行了。

(　).4 由于电动刮胡刀比刀刃刮胡刀带给皮肤的刺激性比较低，因此可以反复使用而直到胡须完全刮干净为止。

(　).5 涂化妆品的时候，一定要遵照“收敛水→精华液→眼霜→乳液→乳霜”的顺序。

(　).6 看到头皮屑的时候，为了保持头皮的干净，要先把它从头皮上面抓下来。

(　).7 当身上有汗味或狐臭味的时候，可以喷洒香水来掩盖身上的异味。

答案（Result）*

**正确答案，全部都是 ×。**

× 答错5题以上的人，是个美容超级大菜鸟。想要成为美肤男，还得吃上不少苦头。务必要好好研读这一本书。

△ 答错2～4的人，是个美容中手，还不算很差。不过凡事与其只知道一半，还不如完全不知道。所以要重新好好研读这本书。

○ 全部答对的人，根基已经打得很好了。只要按照本书计划好好执行完毕，就可以称得上是美肤男了。

简单说明 *

1→ 收敛水（Skin）在韩国是对化妆水（Toner）的总称，即都是相同的产品。

2→ 如果放置抹在脸上的水而不顾，那么水在蒸发的时候有可能会把皮肤中的水分一起蒸发掉。因此最好还是立刻擦干或用毛巾轻轻地拍着把水吸干。

3→ 洗脸之后才能把胡须变软，所以最好先洗过脸之后再刮胡须。

4→ 电动刮胡刀并不可能完全没有刺激，所以尽量不要反复使用。

5→ 这虽然是大家都知道的一般顺序，但也并不是完全正确。因为产品上的差异会造成效果上的不同，所以在购买的时候务必再做确认。

6→ 如果发现头皮屑，不应该把它从头皮上面抓下来，而是要开始好好保养头皮。

7→ 要仔细地保养身体，来根除身上产生异味的原因。

以上只不过是热热身而已。正式的入门是从下一章节开始～现在就大胆地翻到下一页去吧，GO GO！！

## PROJECT 2.
## Morning Care

# 早上清洗的脸
# 会左右一整天
# 皮肤的状态

重要的晨间保养是美肤男生活的开始。如果从早上开始就乱乱散散，那么一整天皮肤的状态也会跟着乱乱散散！

跟宋仲基一起变帅起来吧（Let's be handsome）

# 我的
# 膨宋故事

不久之前，我在我的影迷俱乐部里面公开招募过我的昵称。当时出现了几个名字，而其中的一个名字，就是“膨宋仲基”。这可能是因为我的皮肤看起来很饱满，再加上我姓“宋”，在影迷看来这是个非常恰当的称呼吧。膨宋仲基……说实在的，身为男人，这真是个足以让我握拳抓狂的昵称。不过从另一方面来看，这还真是一个值得让我感谢的赞美呢。这总比“松软仲基”好听多了吧?

话说回来，之前我也曾被人用类似的绰号称呼过。在出道以前，大约是2006年的时候吧，当时以大学生的身份参加了一个“小考问，大韩民国”的节目，拿下了第二名。当时在网络的留言板上，我就看到了“那个牛奶男孩，真的好帅呦”然后又怎样怎样的留言。呃……咬牙切齿……

其实从小我的皮肤就非常地“乳白”。这么好的皮肤拜我父母所赐，尤其妈妈她的皮肤洁白而又柔软。而我的皮肤过于雪白滑嫩，让周围的人羡慕不已，尤其是在青春期的时候。

不过脸上茂密地长满红红青春痘的高中男同学们，跟皮肤滑嫩的我，这其中的差异，难道真的只是因为我遗传父母的好皮肤而已吗?

小学一年级的时候，接受母亲的建议而学会了溜冰。在那之后，我足足当了八年的短道竞速滑冰选手。一直到中学三年级的时候，因为受伤而中止滑冰选手的运动生涯。当时我在国内选手之中，是起跑冲刺最快的一名选手。不过也就只是靠起跑冲刺比别人快而已，在领先半圈之后就会被别人追越过去。

AUTHENTIC LEGEND
ESTABLISHED 1941
LIVE WITHOUT LIMITE
SYMBOL OF FREEDOM AND CAPABILITY
FOR ALL LIFE'S ADVENTURES

小学时期，在溜冰场上。

好朋友，三岁的皮肤，要延续到八十岁呦~

我还曾经当过《大学明日》的封面模特儿呢。哈哈^^

皮肤也是同样的道理。就如同在滑冰跑道上，虽然起跑冲刺比别人快，但还是要自始至终地持续保持拼劲才能获得好成绩一般。就算继承了我父母亲的好皮肤，但是如果掉以轻心而不好好加以保养，那么很快就会被糟蹋掉了。或许在别人眼里我只是个与生俱来拥有好皮肤的“幸运儿”，但事实上，在这背后也有我自小以来长期养成的好习惯。

短道竞速滑冰的冰上跑道非常冷，而且很干燥。在寒冷的冬天，我的脸颊常常会冻得红彤彤的，而且脸皮上也会起白白的角质，只要稍微用手一碰，就会像雪花一样立刻脱落下来。冬天受到冻伤的脸颊，就算到了来年夏天，也会像乡村少年一样显得红彤彤的。因此当时我虽然只是个年幼的小学生，但却一边滑着冰，一边很自然开始注重起皮肤保养。如果不想让脸颊裂开而遭受痛苦，必须勤快往脸上涂抹乳液。从事完流汗的运动之后，一定要好好洗个脸，然后为使皮肤不干燥，立刻往脸颊涂上保湿产品！这就是我自小开始一直持续至今的铁则。

就读中学、高中的时期，我也像许多男同学一样，在运动场上尽情流着汗水踢足球、打篮球。等运动结束后，会跑到水龙头旁边，用凉爽的冷水洗个脸。好，在这里我想先请问各位男性朋友一个问题！我们一起回想一下洗完脸之后，是如何把脸上的水擦掉的。大部分的男同学，不外乎是用挂在教室后面的卷桶卫生纸，或是用穿在自己身上的衣服来擦，也有大半的男同学因为懒得擦，就干脆放任脸上的水，让它自己干掉。但是你知道吗？在上述三种模式中，放任脸上的水而让它自己蒸发，其实是最容易让脸上的皮肤变干燥的原因。可能因为我从小明白这个道理，所以在学生时期习惯于随身带着小毛巾、收敛水与乳液的小样品罐。刚开始同学嘲笑我说“什么呀～一个大男人～！”，最后也都跑过来跟我分享，还笑嘻嘻地直说好用。

自从踏入了演艺这个行业，又多出了许多要比短道竞速滑冰选手时期更需要警戒的东西。灼热的灯光、寒冷及炙热的天气中来回奔波拍外景、脸上化上浓厚的戏妆、没有时间吃饭，甚至于无法好好睡眠，状况真的非常多。所以为了要维持皮肤的“柔嫩状态”，我必须要比以前更加费心。

在此我再次向各位强调，皮肤一定会随着你努力的程度，来完整地回报给你。千万不要认为你的肤质很好就可以掉以轻心，否则将来一定会后悔。所以，就让我们一起好好努力吧。

仲基的魅力忠告（Charming Advice）

# 晨间保养三部曲 Mission 1.

好的开头是成功的一半，所以皮肤的晨间保养非常重要。要在忙碌的早上好好保养皮肤，感觉上似乎并不容易。不过只要真的有心去做，就会发现其实也没那么困难。先不要觉得心烦，暂且投入一点时间来做做看。等慢慢习惯之后，就会像早上起床后先打开电视，再来喝一杯白开水一般轻松自然了。

## STEP1 光是把脸洗干净，保养就已经算是完成了一半

Cleansing（洗面剂）

洗脸在皮肤保养的过程中，是一个非常重要的阶段。因为如果没有把脸上的污垢洗干净，就急着往脸上涂上各式各样的化妆品，不必由我细说，大家都知道那不可能会有什么好结果了吧？因此，光是把脸洗干净，保养就算是完成了一半。那么到底该怎么洗呢？就这么洗吧！

### 洗脸用洗面剂的种类

一个到目前为止只知道使用香皂的男人，在看到“洗面剂”（Cleansing）

**准备物品★洗脸用洗面剂、柔软的毛巾**
要使用洗脸专用洗面剂。
由于香皂会给皮肤带来很大的刺激，因此尽可能不要用。

**洗脸时最适当的水温为★** 30℃ ~35℃
当手碰到水的时候，感觉温度接近体温或稍微低一点，那就对了。
简单地说，由于皮脂的成分就是油，用冷水比较不容易分解。相对的，如果水太热，皮肤的温度也会跟着升高，而把应该留在皮肤里面的水分一起蒸发掉，使脸孔变得干燥。所以水的温度一定要湿湿的～

的登场之后，可能会稍微感到有些慌张。因为有很多人会把洗面剂当成是女人卸妆的专用产品。当然，那也算是一种洗面剂。只不过我们在这里要讲的是指清洗脸上污垢的时候所使用的洗脸用洗面剂。

**泡沫洗面剂（洗面剂泡沫）**利用绵密的泡沫，把老废物质清洗干净的洗面用清洁剂。有完全是泡沫形态的泡沫型以及挤到手上搓揉就会起泡的牙膏型。由于洗净脸部老废物质的效果奇佳，因此非常适合油性皮肤使用。
**凝胶洗面剂（洗面剂凝胶）**比泡沫形态要黏稠的洗面用清洁剂。虽然泡沫比较少，但产品本身已经调好了油分、水分的比例，因此可以长时间保持皮肤的湿润。适合洗完脸之后皮肤会紧绷的干性皮肤使用。

（小宋）这只不过是最基本的分类而已。以泡沫型及凝胶型为基准，还有强化洗净力的深层洗面剂、完全不含油分的无油配方（Oil-free）洗面剂、专门为敏感皮肤而设计的中性洗面剂等多样产品。因此可依自己的用途及喜好来自由选择！！

## 挑选早上用的洗面剂

洗得“很好”的定义,是指把皮肤表面上的污垢“毫无刺激”地清除掉，而且又把皮肤里面的油分、水分“适度地”留下来。那么让我们先来好好想一想，早上起床的时候，在皮肤上面会有什么东西呢？顶多就是整个晚上分泌出来的油脂而已。所以早上洗脸的时候，不需要使用洗净力非常强的洗面剂来洗脸。简单地说,就是指那些在洗过脸之后会让脸孔“绷得很紧”的洗面剂。因此，早上的时候，最好能暂时避免使用各化妆品公司在广告上强调的“能洗得非常干净”的“深层洗面剂”。

如果是干性皮肤，那么比起泡沫，我比较倾向于推荐凝胶型洗面剂。虽然泡沫型洗面剂也很柔软而且刺激性比较低，但因为泡沫对皮肤的渗透力比较强，所以有可能会把余留在皮肤内的少许油分也一起洗掉。如果晚上分泌出来的油脂没有多少，而且前一天晚上洗脸也洗得很干净，那么只要用清水来清洗一下也就没什么问题了。你说有点担心前一天晚上涂过的残存在脸上的乳霜？那些早已经被皮肤吸收到里头去了，所以也不用再担心了。对于油分比较多而且会发出油光的油性皮肤，我则推荐使用无油配方的洗面剂凝胶。因为就算是油性皮肤，如果在早上使用泡沫型洗面剂绵密的泡沫，也会让皮肤感到有些负担。

不过最终还是取决于个人的喜好。只要避开洗涤力超强的产品，随自己喜欢的香味及洗净的程度去自由挑选就行了。

为求方便，只选择油性及干性皮肤来做使用相关说明。中性皮肤与混合性皮肤的人，只要根据现在自己最烦恼的部分来自行判断使用即可。

### ★ 洗脸的顺序

1. 先用温水把面孔沾湿，使毛孔扩张。
   →这是为了清洗毛孔内的老废物质而做的准备工作。
2. 把洗脸用的洗面剂挤到手掌上。
   →如果是牙膏型，则挤出拇指指甲大小的分量；而如果是泡沫型，则使用挤一次出现的分量即可。因为如果使用太多，那不只会让脸孔洗不干净，而且有可能因为留在脸上的残留物太多而有使毛孔阻塞之虞。
3. 等搓揉出充分的泡沫之后，轻柔地抹在脸上。
   →鼻子、额头等油脂分泌比较多的部位，要特别费心地清洗干净。
4. 冲洗的时候也要使用温水。
   →要仔细地冲洗到泡沫完全冲干净为止！
5. 等到冲洗干净之后，再用冷水冲洗一次。
   →这样才可以把洗脸的时候扩张的毛孔收缩回来，而且也可以增加皮肤的弹性，同时还可以延缓水分蒸发的时间。
6. 洗完脸之后留在脸上的水分，则用毛巾轻轻拍打擦干。
   →如果用力来回地搓，会使皮肤遭受刺激。所以要像对待心爱的女朋友的脸庞一样，轻柔地拍着擦干。

喜欢洗完脸之后脸皮紧绷的那种感觉吗？然而那是硬把留在皮肤内的油、水强迫消除之后造成的现象。如果可能，为了保持皮肤内应有的油分、水分量，洗脸的时候不要让皮肤受到刺激地轻轻清洗，才是最正确的！

接下来我要来推荐一些实用的产品。
我是以商品的知名度，以及一般消费者最常使用的产品为参考基准，来为各位男士推荐的。
事实上并非人气旺盛就代表这款产品特别好。我推荐的，都是在我亲自使用之后，觉得“就是这个”的产品！

## 洗面剂，这个不错！

### { 仲基的选择 }

**雅诗兰黛（ESTEE LAUDER）极致晶灿光亮白洁肤乳（Cyber White EX Extra Brightening Gentle Cleanser）01**

是对香味敏感的人适合使用的好产品。虽然形态是乳霜的模样，但只要轻轻搓揉，就会立刻产生泡沫。如果无法忘怀洗完脸之后皮肤紧绷的感觉，那就可以拿来使用。该产品的洗净力固然非常卓越，但如果洗完脸之后不注意保湿，则有可能使皮肤变得干燥，所以在使用上要特别注意。

**尼克（NICKEL）超洁净洗面奶（Super Clean Face Soft）02**

会有鲜奶油一般绵密泡沫出现的泡沫洗面奶。由于洗净毛孔内老废物质的效果极佳，因此洗完脸之后要注意供给皮肤水分。

**BURT'S BEES 男用自然护肤皂（Natural Skin Care for Men Bar Soap）03**

因为是用碱性的矿物泥与植物提炼出来的产品，因此不会刺激皮肤。而且在里面添加了对调节皮脂与洗净效果卓越的柠檬与橘子的萃取物，扮演着洗面皂最基本的角色。产品内含有镇静作用的枞树香，很适合想要洗净脸孔又想要留住油分的男人。

### { 黄主编的选择 }

**兰芝男士系列（LANEIGE HOMME）控油保湿磨砂洗面奶（Sebum Free Scrub Foam）04**

里面虽然有白色的颗粒，但是抹在脸上的时候会自然地溶解，而且有按摩作用却不会刺激皮肤。由于产品的重点并不是要去除角质，而是确实清除毛孔的老废物质，所以非常适合油分多的皮肤使用。

**肯梦（AVEDA）矿值光彩磨砂洗面奶（Tourmaline Charged Exfoliating Cleanser）05**

是具有去除角质功能的洗面奶，用天然的颗粒成分予以微弱的刺激来去除角质。可以每天使用。与其到了皮肤变得粗糙之后使用，不如在早上起床之后想要用美好的刺激来开启一天的时候使用。因为该产品的重点是放在预防上面，而不是专门为了去除角质。

01 02 03 04 05

## 不该使用香皂的原因

由于一般的香皂里面含有大量的界面活性剂，而且又含有碱性，所以会把皮肤内的油分、水分过度地清除干净。而自然保护膜被解除掉的皮肤，则很容易会变得比较干燥，而且也会破坏 PH 值的均衡。

当然，我并不是说所有的香皂都不好。因为也有一些是用天然界面活性剂或是刺激性比较低的植物油为原料做成的弱酸性以及中性香皂。而且这些香皂也具有卓越的毛孔老废物质去除效果。但是从固体转成泡沫的过程中，极有可能使没溶化的粒子塞住毛孔。因此，如果要使用香皂，那么在清洗的过程中务必要“严加”注意。

结论就是，如果想要既方便又安全地洗脸，最好的方法就是使用洗面用清洁剂。由于洗面用清洁剂的 PH 值与皮肤比较接近，而且刺激又少，又含有保湿成分。因此既能洗净毛孔的老废物质，又可以保持皮肤的湿润。

## 一天要洗几次脸?

如果过度洗脸，脸孔表面上的天然保湿物质就会被洗掉而容易干燥。如果每次洗脸的时候立刻抹上化妆品呢？现实生活中那是很困难的事情，而且就算有空那么做，也只会对皮肤造成刺激。因此，如果不是流了过多的汗，或是脸孔特别脏，那么每天只要早晚各洗一次脸就行了。

## STEP2 便宜行事就会遭殃的刮胡须

Shaving（刮胡须）

小时候我非常喜欢看爸爸刮胡须的模样。每天早上，看他往脸上抹着绵密的白色泡沫，“刮刮”地发着声音熟练地刮胡须的模样，感觉非常地帅气。然后心里就会想：“我也好想快点开始刮胡须呦……”

就这么一直期盼能够早点开始刮胡须，一直到了国中二年级的时候有了第一次刮胡须的记忆，到现在都还记得非常清楚。当时我从浴室的抽屉里拿出了抛弃式刮胡刀，怀着雀跃的心情刮刮吵吵；回想着爸爸熟练的动作刮刮吵吵。不过很奇怪，虽然已经在旁边看了十多年，但是等我要亲自动手的时候却发现没那么顺手，就在生涩刮着胡须的时候，还不小心发生了流血事件！不过当时的心情，像是被已经成长为真正男人的情绪所笼罩，就算割破了还是非常兴奋，而且心跳得也很快。

在不知不觉中，刮胡须已经成了我日常生活中的一环，我也早已经淡忘了第一次刮胡须的那种兴奋感。现在非但不会感到兴奋，而且还觉得是一事很烦人的晨间例行公事。由于我是胡须长得很慢的那一型，所以偶尔还是会忘记刮胡须。不过有一天，到了下午的时候，胡须突然乌压压地冒了出来，害我流了不少冷汗。当时我扮演青春高中生，没想到胡须突然冒出来，我的脸看起来就一点也不青春了。无论如何，那之后我就再也不敢把早上要刮胡须的事情给忘了。

所以一定要切记，不是刻意要留，而是因为忘了刮而黑压压地冒出来的胡须，可是会炸毁我们形象的一颗大地雷。另外也要偶尔回想一下，我们第一次刮胡须因为感到“已经成长为真正的男人”而雀跃的兴奋感。

挑选刮胡刀的时候，不用考虑自己的皮肤类型，
而是要配合自己的生活作息。
所有的刮胡刀都会对皮肤造成刺激，
只是刺激的程度与方式有些微不同而已。

# 挑选一把适合自己的刮胡刀

拥有一把好的刮胡刀，是所有男人们的梦想。这就像是不抽烟的男人也希望能有一个都彭打火机、没有驾照的男人也希望能驾驶一次保时捷跑车一般，就算不想留一脸很帅气的胡须，也会想要拥有一把很好的刮胡刀。我想，这应该就是所谓的男人本色吧。

但是比起会令人掉泪的“名牌刮胡刀价格”，还有更让人感到烦恼的事情，那就是不知道自己“该去买刀刃刮胡刀还是买电动刮胡刀”。虽然正确答案是照着自己的趣向去买，但是如果老在烦恼不知买哪一种，那么就给你一点参考好了：

就连胡须冒出 0.01mm，我都无法忍受！
我早上的时间向来很充裕呢。→ **刀刃刮胡刀，当选！**

刮胡须，只求方便就行了！
我早上忙到连喝一杯水的时间都没有呢！→ **电动刮胡刀，当选！**

# 实战刮胡须

已经正式要开始刮胡须了，你却还没选好刮胡刀？那么我先就把各种因刮胡刀种类不同而会有所不同的刮胡方法告诉你，让你了解了各种方法之后，再来做选择好了。

## 干净利落就是我的力量，刀刃刮胡刀

刀刃刮胡刀，拥有就连脸上的汗毛都可以刮干净的卓越紧密度。同时在刮完胡子的地方看起来还会有点铁青色出现，而事实上，这也可以增加男性的魅力指数。不过其缺点就是，一不小心就很容易在脸上刮出伤口。而且相较于电动刮胡刀，它会多费一些工夫，因此也需要充裕一点的时间。

## 要先刮胡须，还是先洗脸？

先用温水洗过脸之后、再用冷水镇定皮肤之前的那一段时间，乃是刮胡须的最佳时机。洗脸除了可以洗掉沾黏在胡须上的污垢之外，也可以让胡须变软，而进入容易刮除胡须的准备阶段。如果在洗脸之前先刮胡须，那么不仅胡须比较硬，而且皮肤也处于紧张尚未解除的状态，容易受到刺激。

## 比刮胡刀更重要的刮胡润滑剂

在用刀刃刮胡刀刮胡须的时候，因为香皂泡沫的润滑力不足，所以非但不能好好刮除胡须,而且还具有刺激性,因此是个禁物。刮胡须专用的润滑剂,不只可以帮助我们轻柔地刮除胡须，而且里面还含有可以防止引发皮肤问题的抗炎成分。如果胡须比较粗，而且比较硬，那么就建议使用刮胡霜；而如果胡须没那么硬，那么就建议使用刮胡泡沫或刮胡凝胶。

## 吉力牌 VS. 舒适牌，哪一种比较好呢？

刀刃刮胡刀要比电动刮胡刀的选择性广，因此产生烦恼的问题也比较多。光从厂牌来说，就有吉力牌与舒适牌两大厂牌，而在那里面还要先看看有几层刀片。首先要记得一件事情，刀片的层数愈多，刮得就可以愈仔细。也就是说，二层比不上三层、四层比不上五层刮得更干净。根据我身边专门人士的调查数据显示，各大厂牌之间的质量其实都差不多。刮除的效果也差不多，价格也差不多，就连设计的模样也都大同小异。（如果不去管舒适牌有安全网的那一款，那么就可以说是换汤不换药了。）所以先用眼睛观察一下，选择自己喜欢的那一款就行了。

该选哪一种好呢~

## 刮胡润滑剂，这个不错！

{ 仲基的选择 }

**雅男士系列（LAB SERIES）超舒适刮胡胶（Maximum Comfort Shave Gel）01**

凝胶会变成泡沫，会使胡须变软，同时提升刮胡刀片的紧密度。是个可以感受到刮胡须乐趣的产品。

**品木宣言男性悠活系列（ORIGINS FOR MEN）无瑕髭轻松刮胡乳（Blade Runner）02**

椰子树的油蜡会在皮肤与刮胡刀片之间形成保护膜，从而会减少对皮肤的刺激。轻柔的香味也非常富有魅力。如果想要干净地刮胡须，则是最佳的选择！

**娇韵诗男士系列（CLARINS MEN）植物刮胡泡沫（Smooth Shave Foaming Gel）03**

用很少的量就可以制造出很多的泡沫。适合胡须较多的人使用。

{ 黄主编的选择 }

**彼得罗夫（PETER THOMAS ROTH）摩登经典刮胡霜（Modern Classic Shave Cream）04**

由于是黏稠的乳霜形状，刮胡刀刮起来会感觉非常柔顺。刮完胡须之后也不太会有干燥的感觉。

**雅漾（AVENE）净爽剃须泡沫（Mousse à Raser）05**

是个含有温泉水的成分，而且有镇定皮肤效果的刮胡摩丝。是刮完胡子之后，受到刺激的皮肤会容易泛红的人士们所必备的产品。

**吉利牌（GILLETE）溶解九头蛇凝胶（Fusion Hydra Gel）06**

蓝色的凝胶进入眼帘，就会给人一股凉爽的感觉。搓揉凝胶之后会变成柔软又绵密的泡沫，具有清洁效果的同时，还有让刮胡须当中因受到刺激而变热的皮肤降温的功能。

01　02　03　04　05　06

### ★ 用刀刃刮胡刀刮胡须的顺序

1. 先洗过脸之后，用刮胡润滑剂逆着胡须长出来的方向涂抹。
2. 把胡须立起来之后，顺着胡须长出来的方向刮除。
3. 用冷水洗净。

## 刀刃刮胡刀的保管方法

刀刃刮胡刀一定要好好保管。把购买刮胡刀的时候附在里面的支架当成晾干架，或是用悬挂牙刷的方式晾在干燥的地方，到下一次使用之前保持干燥非常重要。因为它是轻轻削除皮肤表层的道具，所以在刮胡须的过程中很容易受到细菌的侵入。如果因为保管不当而导致皮肤出问题，岂不是令人很伤心？！

## 更换刮胡刀片的时机

一般来说，2 ～ 3 个月换一次会比较理想。不过这也是因人而异，只要发现胡须刮得不是很利，那就表示刀片应该换了。

### 这可一定要记得!

抛弃式刮胡刀，到底可以使用几次呢?

抛弃式刮胡刀会因为保管方式的不同，其使用的次数也会跟着不同。一般在使用完刮胡刀之后，用洗脸台水管里面最高温的热水先行消完毒（虽然这不太可能有什么效果，但最起码也能让人感到心安），然后放在碰不到水的地方晾干，就可以一直使用到刀片变得不平整为止。

不过我还是想奉劝各位，尽可能不使用抛弃式刮胡刀。因为抛弃式刮胡刀的刀片太软，在刮过几次胡须之后刀刃很容易就会变得不够利。而且由于角度的紧密度不足，带给皮肤的刺激比较大。另外握在手里的感觉也比较不顺手，所以安全性也比较差。如果不是非要你在剪纸用的剪刀、作业用的刀片以及抛弃式刮胡刀之间做选择，那么请尽可能使用好一点的刀片。

## 刮胡须而不小心割伤的时候

可不要“像个男子汉”一样就这么擦掉，而是应该要把伤口附近用干净的水先冲洗干净，然后用面纸或是毛巾用力压住伤口来止血。如果伤口很痛，那么涂上软膏会比较来得有效；不过若是伤得没那么严重，那么先把绿茶包浸泡在热水里，再敷在伤口上，也是一个很不错的治疗方法。绿茶的成分里，有可以镇定受到刺激的皮肤的功效。最近市面上新出现了一种具有抗菌及皮肤再生效果的“脸部润泽膏”，使用起来也非常地有效。

### 脸部润泽膏，这个不错！

{ 仲基的选择 }

BURT'S BEES 神奇紫草膏（Res-Q Ointment）01
无论是刮胡须的时候割伤、长面疱、被虫咬伤，或是皮肤黑青，涂在患部都会有治愈效果的润泽膏。它是涂在硬度太弱而容易折断的指甲上面也可以使指甲变得比较健康的一种万用膏。

{ 黄主编的选择 }

布朗博士（DR. BRONNER'S）有机润泽膏（Organic Balm）02
该产品含有大量接近皮脂成分的不饱和脂肪。涂在没有皮脂腺的干燥部位上，则具有非常卓越的保湿效果。

SKEEN ＋波美精华液（Baume Fluide Apaisant）03
该产品含有对皮肤极具镇定及保湿效果的芦荟成分。在对付干燥皮肤的时候，可以代替乳胶制品来使用，而且还会带给皮肤湿润的感觉。

01　　02　　03

## 没有比这个更方便的了：电动刮胡刀

电动刮胡刀最大的优点就是快！前几年开始有防水功能的产品问世之后，在清洗上也变得非常方便。而且介于刮胡刀片及皮肤之间的保护网可以减少刺激（不过并不是一点刺激没有）。问题是多了这一层为减少刺激而设计的保护网，就不能像刀刃刮胡刀一样刮得那么干净了。

## 飞利浦 VS. 德国百灵，哪一种比较好呢？

由于在电动刮胡刀市场上拥有好产品的竞争厂牌太多，如果不知道该如何选择而过于犹豫："到底要选哪一种才不会后悔？"那么技术发展的速度神速到马上又有新的商品上架销售了。其中代表性的厂牌，就是飞利浦与德国百灵。而这两家厂牌也是很难评断到底哪一家的比较好，哪一家的比较坏。这是因为很难在这两家产品的优缺点之间找到交集，而它们一直相互平行发展所至。在此简单地分析这两家产品之间的差异，敬请依你自己的趣向来做选择。

飞利浦为紧贴面部的轮廓，刀片设计呈三角方向分布。虽然它没有什么很man的感觉，但是因为设计样式是非常时髦的流线型，所以握起来非常顺手。由于设计本身要求轻柔地贴在脸上，因此如果想要把胡须刮干净，则必须要在同一个地方来回两次以上。不过它的优点就是，就算如此，皮肤受到的刺激也不会很大。

德国百灵记得我小时候，放在爷爷桌上的刮胡刀向来都是德国百灵牌的。而且它那"一字"型的刀片，感觉非常具有男子气概。由于它的紧密性比较好，虽然胡须可以刮得很干净，但相对的也会对皮肤造成较大的刺激。

## 电动刮胡刀的保存方法

跟刀刃刮胡刀保存的方法一样，为防止细菌滋生，要放在干燥的地方保管。残留在刮胡刀里的胡须茬，务必要立刻清除干净。因为这也可能会是造成皮肤问题的原因之一。

## 更换刮胡刀片的时机

在刮胡须的时候，因为电动刮胡刀刮得不是很干净，就一直在同一个部位刮，这并不是一个可取的习惯。胡须刮得不是很利落，这就表示到了该换刀片的时候。而电动刮胡刀的刀片大约两年换一次也就 OK 了。

### ★ 用电动刮胡刀刮胡须的顺序

1. 透过洗脸的过程，先把沾黏在胡须上的污垢洗干净，同时把胡须弄软。
2. 把胡须立起来之后，顺着胡须长出来的方向，尽可能减少刺激来刮除。
3. 把黏在脸上的胡须清干净。

# 刮胡刀，这个不错！

## { 仲基的选择 }

**德国博朗（BRAUN）Series 7 三阶段超净音波电胡刀 -760cc** 01

运用头部的音波震动技术，可以把胡须刮得很干净的产品。由于紧密性佳，其刮胡须的效能不比刀刃刮胡刀差，但也因为如此会对皮肤造成刺激。不过当刮完胡须之后用手抚摸着光滑的皮肤，就会觉得那一点刺激也很值得了。

**舒适牌（SCHICK）神之刀架 4（Quattro 4 Titanium Trimmer）** 02

除了刀片的寿命很长之外，也附有可以帮胡须造型的修剪刀（用电池驱动）。很适合比起要干净，更想要安全地刮胡须的男人使用。

## { 黄主编的选择 }

**飞利浦（PHILIPS）RQ1095** 03

运用飞利浦特有的三角形方向分布刀头，可 360° 贴紧面部来刮除胡须。除了保管与充电非常便利之外，清洗容易也是它的优点。虽然不会像刀刃刮胡刀带来干净利落的感觉，但刺激性确实非常低，很适合皮肤敏感的人使用。任何时候看起来都觉得很时髦的造型，会让人舍不得留在家里独自欣赏。

**吉利牌（GILLETE）锋隐（Fusion）动力刮胡刀** 04

5 层的刀片组接触皮肤的感觉非常棒。虽然可以把胡须刮得很干净，但如果皮肤表皮有突出来的胡须，那很可能立即发生流血事件，使用时上要特别注意。

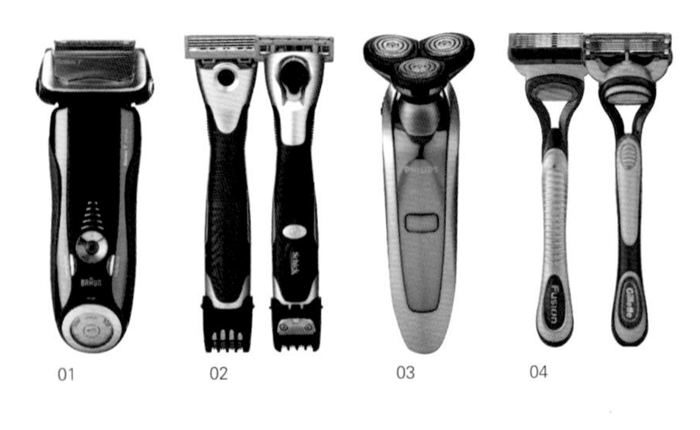

01　02　03　04

我个人比较喜欢用电动刮胡刀。由于最近上市的好产品特别多，像我这样勤于清洗，我现在用的刮胡刀在没有更换刀片的情况下使用了 8 年，却仍然非常好用。问题是市面上一直有更帅气的新产品不断地上架，就算我现在手边用的刮胡刀还没坏，我也耐不住心里的冲动而想要去买一把新的回来。是不是只有我这样啊？

## STEP3 凭什么本钱，脸上什么都不涂呢？
舒缓与保湿（Soothing & Moisturizing）

如果不把因为洗脸及刮胡须而感到疲软与失去保湿层的皮肤照护好，那么皮肤的表皮会变得粗糙和干燥，就只是时间早晚的问题了。而受到伤害的皮肤，则是暗自磨着“皱纹”这把刀，一直等着复仇的时机出现。然后有一天，它就会突然跑出来了。所以现在就快点打开你的化妆品吧！

### 用化妆水（Toner）来安抚你的皮肤吧

刚刮完胡须之后，脸部的表皮偶尔会有凹凸不平的情形，而这是因为皮肤受到了刺激。虽然从颜色上看不出有什么变化，但此刻的皮肤已经是受到刺激的状态。这时候“锵～”的一声要登场的，就是化妆水。

其实化妆水（Toner）就是我们常常讲的收敛水（Skin）。化妆水具有把洗脸及刮胡须的时候受到刺激的皮肤舒缓的作用，而且还有着把洗脸时没能洗净的污垢与残留在脸上的洗面奶清除掉的功能。同时也会对天然保湿层被清洗掉之后一时干燥的皮肤，提供些许的水分。

#### 蘸在化妆棉上面涂

涂化妆水的方法很简单。只要蘸在化妆棉上面，把脸上的每一寸肌肤，轻柔地涂一遍就行了。你问我可不可以直接用手来涂？当然不可以。因为要涂化妆水最主要的目的，并不是为了供应水分，而是要清除掉仍然残余在脸上的污垢。

而如果是因为角质的问题而感到烦恼的皮肤，则更应使用化妆棉！当你亲眼看到在刚洗过的脸上，仍然会有被化妆棉擦掉的污垢之后，你以后涂化妆水的时候就不会再省略化妆棉了吧～如果没有充裕的时间，那么只要用温热的水先把脸上的皮脂洗干净之后，在化妆棉上面蘸上化妆水，边

可以利用尚留有化妆水的化妆棉背面，擦拭脖子及耳朵内部～

擦拭着边把残余的皮脂清除掉也行。

## 挑选化妆水

如果是干燥的皮肤，那么建议去挑选比水稍微黏稠一点的化妆水。因为这类型的化妆水，会形成比水要厚一些而且可以持久的保湿膜。而如果是油性的皮肤，那么就要选用无酒精成分（Alcohol-Free）的化妆水。这类型的化妆水，就如同字面上的解释，完全不含任何酒精成分，也的确不怎么会对皮肤造成刺激。也有不少的男人，为了想要多擦掉一点脸上的油脂，或寻求更富有野性气息的“扑鼻香味”，而选用酒精含量比较多的化妆水。不过因为会对皮肤造成很大的刺激，所以我并不是很鼓励。使用可以控油的含粉化妆水，效果也非常不错。一般来说，这种化妆水的底部都会堆积一些沉淀物（粉末），所以使用前要先摇一摇。

# 化妆水，这个不错！

## { 仲基的选择 }

**博尼（VONIN） RX 运动活力化妆水（Sports Dynamic Skin）01**

为认为化妆水就该有清爽感觉的男士们而出厂的化妆水。可以感受到具有朝气与活力的男人香。

**资生堂男士系列（SHISEIDO MEN）男人极致保湿露 （Hydrating Lotion）02**

香味没那么刺激，而且具有把洗过脸之后出现的角质安定下来的舒缓效果。非常适合想要像个男人一般化妆的人使用。

**芭比波朗（BOBBI BROWN）舒缓保湿化妆水（Soothing Face Tonic）03**

含有熏衣草香的无酒精成分化妆水。对洗过脸之后受到刺激的皮肤有舒缓的效果，适合干燥的皮肤使用。是让我对芭比波朗的护肤系列产品开始产生兴趣的一项产品。

## { 黄主编的选择 }

**契尔氏（KIEHL'S）蓝色收敛水（Blue Astringent Herbal Lotion）04**

是因为止不住的油脂而感到烦恼的人可以尝试的产品。如果是干性皮肤，那么最好连看都不要看。清爽的扑鼻香与接触到皮肤时的清凉感，别的产品根本就无法比拟吧?

**雅漾（AVENE）舒护活泉化妆水（Lotion douceur）05**

含有硅酸盐粉的温泉水，对皮肤有舒缓的效果。如果油性皮肤的人使用，那么不只可以感受到皮肤变得柔嫩，也可以免除油光满面的烦恼。神奇的是，就算干性皮肤的人拿来使用，也不会有干燥的感觉。

**伊索（AESOP）苦橙收敛调理液（Bitter Orange Astringent Toner）06**

可以把残余油脂擦得很干净的产品。而收敛水扑鼻的味道，完全被苦橙的香味所吸收。虽然没有契尔氏的清凉感，但相对的对皮肤也不会造成什么刺激。可以感受得出来产品设计上有特别想要保留住湿润的那种感觉。

01 02 03 04 05 06

# 没想到保湿剂这么重要

先用洗面奶洗过一次，再用化妆水涂一次。现在的皮肤当然已经受到了不少的刺激。就算是用了再怎么保湿的洗面奶与化妆水，它们存在的目的，就是要把皮肤表皮上那些不需要的老废物质清除掉。而它们顶多也只是防止皮肤太过紧绷，并不能达到皮肤深层的湿润。所以在涂过了化妆水之后，一定要记得帮皮肤补充失去的水分。

有很多人问我："用水洗脸的时候皮肤不是已经充分地吸收水分了吗？"而答案当然就是："No。"洗过脸之后留在脸上的水分会立刻蒸发掉，而在此同时，应该留在脸上的水分，也会一起蒸发掉。所以，务必要立刻制造保护膜来防止水分蒸发，而且也要适度地供给必要的油分及水分。为此目的而涂抹的东西，就是保湿剂。

保湿乳液（Emulsion）是最常使用的保湿剂，也就是我们常说的乳液（Lotion）。它要比化妆水来得浓，而比乳霜来得稀。

精华液（Serum）比保湿乳液还要稀一点。在韩国，一般会把精华液（Serum）与保湿乳液（Emulsion）归为同一属性的产品。由于粒子较小，相对地对皮肤的渗透力也比较强。

乳霜（Cream）比精华液与保湿乳液的油分高，而且更为黏稠。由于保湿效果及皮肤覆盖力卓越，因此保湿的效果可以持久。

润泽膏（Balm）比乳霜的保湿效果还要强。因此在脸皮极度干燥的时候拿来使用，则可达到立竿见影的效果。不过由于含有大量的油分，油性皮肤的人最好能免则免。比起用在脸上，更常用于在身体上。

油（Oil）如同字面上的意思，是为了涂在脸上而制造出来的油。产品的用途并不只是单纯地在脸上形成一层保护膜，而且是深入皮肤的深层来补充不足的油分。虽然我也用过几次，但似乎并不是男人可以轻易挑战的项目。

## 在保湿乳液与乳霜之间选一种

大概现在开始感到头痛的男人并不只有一两位。先不要说乳液了，对一个过去就连收敛水也都懒得涂，而好不容易开始想要涂保养品的男人，竟然一下子提了那么多种的保湿剂。不过还是得撑下去。因为干燥之后紧接着就是皱纹！所以扮演着防止皮肤干燥的盾牌角色的保湿剂，再怎么强调也不为过。而洗过脸之后记得一定要！一定要！一定要！涂上适合自己皮肤的保湿剂。

如果是中性，或是稍微有点干性的皮肤类型，那么建议只涂一样乳液，即保湿乳液就好。并不是因为保湿乳液的品牌不同，它的功效就会不同，所以只要照着自己的兴趣选择就好了。如果涂过了保湿乳液，皮肤还感到紧绷，那么建议使用乳霜。在这里务必先记得一件事情，没有必要同时使用保湿乳液及乳霜。在韩国，大家都一直认为先涂完保湿乳液之后固定再涂乳霜，但是我怀疑这可能是化妆品公司为了要多卖一样产品而散播的假消息。如果涂过保湿乳液之后发现水分补充不足，而必须要再涂乳霜，那么保湿乳液就可以干脆不用涂了。再加上皮肤可接受的水分也有一定的程度，如果涂太多产品反而增加对皮肤的刺激。另外顺便告知自认为已经油光满面，却还要一直往上涂的那些油性皮肤的人，我们之所以会油光满面，是因为皮肤里面的水分不足，才会从深层皮肤里面把油脂分泌出来，形成了皮肤表面的油脂层。这时必须要用水分来代替油分，泌油的问题才能得以解决。

有趣的是，我的粉丝俱乐部的名称就叫做“Ki Aile”（发音与契尔氏的 KIEHL 相雷同）。是粉丝把我仲基（Joong Ki）里面的“Ki”、与法文的翅膀“Aile”相结合之后产生的。因为我的粉丝们说愿意当我的翅膀让我展翅高飞，所以这样命名的。（各位真的好棒！）这个名字的涵义我非常喜爱，而且又和我喜欢的化妆品名称相同，所以感觉真的好神奇。果然我跟好皮肤是结上了不解之缘呢～

## 解决脸皮紧绷问题的，乳霜

区别乳霜最正确的基准，就是油分的含量。油性皮肤的人，如果涂了保湿乳液仍然觉得皮肤有点紧绷，就建议改用保湿能力比保湿乳液还要好的无油乳霜。

市面上也有虽然不是无油，但油分也不多，而且用起来没什么负担的乳霜。(并不是所有的乳霜都富有油分，而且又很黏稠。) 我们常听到的水乳霜，就是这种形态的产品。虽然它会形成比保湿乳液还要厚的保护层，但却不会让皮肤产生闷闷的感觉，所以无论是中性、干性皮肤的人，都非常喜欢拿来使用。最后还有一种乳霜适合在感觉皮肤快要裂开的时候使用，因为该产品的油分很多，可以跟皮肤紧密合，所以深受妈妈们喜爱。如果不小心用了放在妈妈化妆台上的乳霜而脸上长出了粉刺，那很可能是因为乳霜的油分太多而塞住了毛孔。早上涂在脸上的乳霜如果油分太多，一整天都会感觉油光满面。所以早上的时候，只要涂上适量的油分就行了。

## 保湿乳液，这个不错！

### { 仲基的选择 }

**雅男士系列（LAB SERIES）日间防护乳（Daily Moisture Defense Lotion）01**

虽然会有一点黏黏的感觉，但涂上去之后却会感觉很轻松，而且也会很快被吸收。如果不属于油性或干性皮肤的人，使用起来不会感到什么负担。

**美体小铺 （THE BODY SHOP）活肤防晒保湿隔离乳（Vitamin C Daily Moisturizer）02**

不会感觉黏黏的，而且被吸收得也很快，是具有清爽橘子香的保湿乳液。另外它也有 SPF30 / PA + + + 的紫外线隔离成分。如果觉得另外再涂防晒霜很麻烦，可以选择使用本产品。

**KENZOKI 沁凉活力凝胶（Melts On Contect Face Gel）03**

在接触到皮肤的瞬间，似乎可以感受到抗氧化的“竹叶水”的清凉感。是不喜欢脸上被乳霜覆盖而感到闷的男士们会喜欢的产品。

**希思黎（SISLEY）全能乳液（Emulsion Ecologique）04**

刚涂上去的时候会有一点黏黏的感觉，不过却又能很快地渗入皮肤，保湿的效果非常持久。虽然价钱贵了一点，但只要用过之后就会感觉到“果然有它贵的道理”。由于无论男女都对该产品非常喜爱，所以很适合找姐姐或妹妹，一起来团购。

### { 黄主编的选择 }

**巴黎欧莱雅（L'OREAL PARIS）专业男士系列（Men Expert）水能量抗暗沉保湿乳液（Hydra Energetic Moisturizing Gel Cream）05**

涂上去的瞬间立刻会感到凉爽的清凉型保湿乳液。早上涂在脸上还会具有驱散睡意的效果。是油性皮肤的人适合使用的产品。

**碧欧泉男士系列（BIOTHERM HOMME）温泉控油收毛孔保湿面霜（T-Pur Intense SOS Corrective Moisturizing Concentrate）06**

是专为油性皮肤设计的凝胶形态的无油保湿乳液。氨基酸及白色的矿物泥有助于清除角质，而且能有效地控制油脂分泌。

**薇姿男士系列（VICHY HOMME）清爽去油光乳液（Normactiv Cg Hydratant Purifant）07**

是专为油性皮肤设计而有清新感的保湿乳液。维他命 C 的成分具有抗氧化的效果，而且也能有效地控制油脂。对于不希望乳液太黏稠的男士来说，这是个很适合的产品。

**FRESH 无油清爽保湿乳液（Umbrian Clay Face Oil-Free Lotion）08**

是以含有碱性盐分的意大利翁比里亚（Umbrian）地区之白色高岭土为主要成分而制造的产品。使用在油脂分泌过多的皮肤上，可以非常有效地控制油脂，而降低油光满面的困扰。

01 02 03 04 05 06 07 08

# 乳霜，这个不错!

## { 仲基的选择 }

契尔氏（KIEHL'S）特效保湿面霜（Ultra Facial Cream）01

对于脸太干而想要涂乳霜的人士，可以毫不犹豫地强力推荐的产品。无论是乳霜的质感、香味以及价格，都非常理想。

欧舒丹（L'OCCITANE）活肤精华霜（Immortelle Precious Cream）02

由蜡菊（不凋花）提炼的精华油，会为皮肤制造一层水分膜。涂在脸上的触感非常舒适，而清新的香味也非常宜人。是所有肤质都适合使用的产品。

伊丽莎白雅顿（ELIZABETH ARDEN）凝时光溯乳霜 SPF15（Intervene Pause & Effect Moisture SPF15）03

发挥充分的保湿效果，来加强皮肤的弹性。虽然涂上去之后不是那么容易抹匀，但是相对地，其保湿效果也非常持久。

## { 黄主编的选择 }

伊夫·黎雪（YVES ROCHER）安塔豆修护瞬效舒缓霜（Anti-Rougeurs Day Care）04

可以防止毛细血管的扩张，进而预防红光满面的舒缓乳霜。是个无香、无酒精、无色素的产品。虽然涂起来感觉不是很薄，但是从确实会减少皮肤泛红的情形来看，的确有保护皮肤的效果。

碧欧泉（BIOTHERM）5000L 活泉水凝冻（Aqua source Non-Stop PNM）05

可以为油分多的皮肤补充水分的凝胶型水乳霜。所谓很容易涂，就是指这种产品。

雅男士系列（LAB SERIES）钛金抗皱活肤霜（MAX LS Age-Less Face Cream）06

会给皮肤注入一股活力的乳霜。可能是因为含有防止老化的功能，涂在脸上会有一点刺刺的感觉。乳霜里面有一股雅男士产品特有的芳香，而且皮肤表层的保护膜，感觉相当持久。

01 02 03

04 05 06

## 水乳霜到底是什么，为什么那么受人欢迎?

如果是有姐姐或女朋友的人，那么应该听说过“水乳霜”至少一次吧。因为最近在女人的世界中，水乳霜正在走红。由于皮肤最需要的就是水分，而能够补充水分的乳霜，当然就会受到欢迎了。这就好比很久没给树木浇水，只要给它浇水就会立刻活过来一样，护肤也是完全相同的道理。只要使用一两次水乳霜，立刻就会感觉有效果。

如果使用保湿乳液之后感觉脸上的皮肤仍然有点紧绷，而使用乳霜又感觉太黏，那么就建议选择水乳霜。至于其他种类的乳霜，因为油分的含量比较多，有塞住毛孔的可能性。反而水乳霜的油分含量没那么多，也不会因皮肤的类型不同而造成使用上的不便，所以可以毫无负担地使用。

## 精华液之价格所以会贵，也有它的理由

精华液是选择项目。也就是说，它并不是非要使用的产品。不过它卖得那么贵，也有它贵的理由。其中最主要的原因，就是它具有比保湿乳液还要能够深入皮肤深层的特性。为了带给皮肤所需要的营养，有很多功能性的产品不断问世。例如，深入皮肤深层之后有效抑制黑色素形成的美白精华液（可以让脸色变得白皙透亮），以及有助于胶原蛋白形成的抗老精华液（防止老化）。除了保湿效果之外，如果还想兼具其他功能，那就去选用有自己想要的功能的精华液就行了。另外，精华液的使用顺序，应该是在涂抹保湿乳液的前一个阶段。

## 我们也来用吧，眼霜

感觉上眼霜（Eye Cream）似乎是专为女人设计的产品，事实上，这也是男人们非常需要的化妆品。其实就连一直接触化妆品长大的我，在成为演艺人员之前也不知道什么叫做眼霜。我是进入演艺圈之后才开始使用眼霜的，不过在知道好用之后，就变得一直放不下手。

由于我们眼睛周围的皮肤比其他部位要薄、敏感，而且眼睛又不停地眨，导致水分流失的速度比较快，因此更需要特别的保养。眼霜跟精华液一样，也是要在使用保湿乳液的前一个阶段使用。而眼霜是为了防止眼睛周围的皮肤变干燥而出产的产品，所以如果眼睛的周围不是那么干燥和敏感，倒也不必刻意买来使用。不过站在要特别保养眼睛周围皱纹的层面来看，能涂眼霜当然是比较好。因为眼角的皱纹很容易形成，却不会那么“轻易地”消失。所以尽可能及早开始做准备，以后才不会感到后悔！

### 一目了然的晨间保养顺序 *

洗脸→刮胡须→化妆水→（眼霜）→（精华液）→保湿乳液 or 乳霜

## 精华液，这个不错！

{ 仲基的选择 }

**欧蕙（OHUI）男士系列完美力量精华液（Perfect Power Serum）01**

产品说明是对皱纹及美白有效。不过比起美白，皮肤弹性会变好的效果更为显著。没什么特别的香味，而且涂上去也不会油油的。是所有类型的皮肤都适合使用的产品。

{ 黄主编的选择 }

**巴黎欧莱雅（L'OREAL PARIS）专业男士系列（Men Expert）的水能量涡轮驱动醒肤精华（Hydra Energetic Turbo Booster）02**

薄荷的清凉感，足以把一整晚的睡意一下子驱散。虽然产品归类在精华液，但如果是皮肤油脂比较多的人，也可以替代成保湿乳液来使用。

## 眼霜，这个不错！

{ 仲基的选择 }

**兰蔻男士系列（LANCOME MEN）全效能量眼霜（Age Fight Yeux）03**

清爽的凝胶状。是在眼睛周围涂上油膏或乳霜之类的保养品之后，还会担心皮肤会出现问题的人士适合使用的产品。

**巴黎欧莱雅（L'OREAL PARIS）专业男士系列（Men Expert）水能量冰镇醒眼精华笔（Hydra Energetic Ice Cold Eye）04**

用冰镇按摩滚珠涂抹在眼睛周围的瞬间，在感受到冰凉效果的同时，产品也会迅速被皮肤吸收。这下子不用再为了消除早上起床之后眼睛的肿胀，把铁汤匙放在冰箱室里冰了。

{ 黄主编的选择 }

**薇姿男士系列（VICHY HOMME）抗皱紧实眼霜（Liftactiv Eyes）05**

为对香味敏感的人士设计的无添加香味的产品。通过过敏反应测试，而且没有添加会对皮肤造成刺激的成分，所以在使用上不会造成什么负担。附在产品上的按摩用喷管，可增添使用上的乐趣。

**欧舒丹（L'OCCITANE）乳油木保湿眼霜（Shea Butter Ultra Rich Eye Balm）06**

很容易干燥的眼睛周围皮肤要不受到别人的侧目，而且不分场合都可以拿出来使用的产品，就非它莫属了。这就像是跟涂软膏一样，先轻轻抹在手指上，然后像是在搓脸一般涂上去就行了。当然，它不但不会造成油光闪烁，而且也没有颜色。

01 02 03 04 05 06

黄主编的修饰忠告（Grooming Advice）

# 有关化妆品有效期的一切

Mission 2.

*如果没办法记下每一种化妆品的有效期，那么可以在产品的侧面用签字笔写上购买的日期。因为这样做之后，就不会那么容易忽略掉有效期了。*

就像吃进肚子里的食品，都有它的有效期一样，"脸孔要吃的食物"化妆品，也有它的有效期。什么？从来就不知道原来化妆品也有有效期？花了那么多的钱买回来，却舍不得用而一直供奉在家里。我的老天！这下子搞不好已经变得连拿来涂脚都不行了呢。

## 会变的，不光只有她的心

化妆品的有效期，大部分都是制造过后的 2 ～ 3 年。使用已经过了有效期的化妆品，就像是食用已经过了保质期的食品一样。所以在购买化妆品的时候，一定要确认一下生产日期和有效期。同样的，要记得另外一个重点是，也要确认一下已经开过封的化妆品的有效期。化妆品一旦开过封之后，从接触到空气接触到手的时候开始，就开始慢慢受到污染。虽然因为产品的不同程度有所不同，但一般来说，开过封之后的化妆品有效期，都是在一年左右。精华液开过封之后的有效期，大约是在 6 ～ 12 个月，不过含在精华液里面的维他命 A、维他命 C 等成分，却在接触过空气之后很容易酸化。所以，别去管精华液的有效期是什么时候，而只管尽快把它用完就对了。而如果没有那种把握，那么在购买的时候选购容量小的产品比较恰当。

## 有效期的密码解读方法

上面所提到的有效期，只是基本上的原则。而因产品的不同，其实际可以使用的期限也会有所不同，所以在购买的时候务必要确认清楚。化妆品的制造日期及有效期的标示方法如下：

MFD / M 是 Manufactured 的缩写，意思是指制造日期。

例如 > M11.01. 01 → 2011 年 1 月 1 日制造。

EXP Expire Date，意思是指有效期。

例如 > EXP.01. 01. 2011 →有效期至 2011 年 1 月 1 日。

EXP JAN11 →有效期至 2011 年 1 月。

BEE / BE Best Before，意思是指产品可维持最佳质量状态之期限。

例如 > BEE01. 01. 2011 →尽可能在 2011 年 1 月 1 日以前使用。

数字 + M 这里的M是指 Month，也就是月的意思。意思是指产品开封后，可依M字前面数字的月数来使用。

例如 > 12 M→产品开封后，应于 12 个月之内使用。

每一家标示产品的方法都不尽相同。最好在购买产品的时候再向现场售货员问清楚。

## 化妆品的保鲜方法

看到化妆品里面的水与油分离，或味道感觉并不太寻常，那就表示已经变质了。因此，就算是再贵的化妆品，也应该毫不留恋地、豁达一点地把它丢弃！免得舍不得丢而拿来用，到时候反而容易招来许多皮肤的病变。

而就算有效期还没到，如果保存不当，化妆品也有可能会坏掉。这就像是在夏日炎热的天气，把牛奶放置在常温下保存一样的道理。化妆品应该要避开直射光线，保存在阴凉又干燥的地方。尤其在炎炎夏日以及冬季开着暖气的室内，更应该特别留意。另外在使用完化妆品之后，为免微生物的侵入，一定要记得立刻把盖子盖上。

涂抹化妆品的时候也要小心。化妆品从开封之后接触到手的时候起，就已经开始被污染了。所以用不干净的手，或沾了水的手来接触化妆品是绝对禁止的。找个小的勺子（小铲子）把化妆品舀出来使用，也是可以防止被污染的好方法。另外，一旦倒在手中的化妆品，千万不可以再装回瓶罐里面。为了想要省那一点化妆品,反而有可能把整瓶的化妆品全部污染掉。而不小心多倒出来的保湿产品，则可以涂在最容易起角质的手肘或膝盖上。

## 放进冰箱里面也行吗?

把化妆品放在冰箱里面，也是一个很不错的保存方法。而把化妆品放在冰箱里面保存，也有两个优点。第一，把冰凉的化妆品涂在脸上，会有镇定皮肤之效果。第二，可以降低被污染的几率。如果把化妆品放在冰箱里面，绝对可以杜绝很多会被污染的途径，所以相对地会用得比较久。但是如果把放进冰箱里面的化妆品又拿出来，那么因为温度的改变，瓶罐里面就会跑进水汽而有可能改变化妆品的质量。

市面上也有销售为了保存天然化妆品或机能性化妆品而可以设定温度的化妆品专用冰箱。但这对男人来说真的是一项非常奢侈的东西，所以就这么 PASS ～

黄主编的便利贴（Post-it）

# 女人用的化妆品，男人也可以拿来用吗？

在男用化妆品的种类还不是很多的年代，市面上为我们生产的产品，也就只有凉得过头而让人感到刺痛的收敛水，以及刚涂完之后立刻感到脸皮紧绷的乳液。所以像我一样皮肤比较敏感的男人们，也就只好偷偷把手伸向妈妈或是姐姐的化妆台了。

当我闻过了会散发出不刺鼻而且轻柔地萦绕在身边的女子化妆品香味（名称分成保湿乳液、精华液、精华露，种类真的好多～），以及体验到毫无刺激地滋润皮肤的触感之后，我就再也不想看一眼会散发出消毒药水味的男用收敛水了。所谓“曾经沧海难为水”，就算现在为男士而生产的皮肤保养品种类繁多，但要我重新回过头去全部使用男人用化妆品，似乎还有点不太容易。可是男人与女人的皮肤并不相同，那我为什么还要坚持使用女人的化妆品？

男人与女人的皮肤当然不同，不过由于皮肤的组织架构一样，营养成分渗入皮肤深层而带给皮肤好处的过程是一样的。并不是皮肤的厚度不同，吸收的有效成分就会不同。所以只要掌握住化妆品的特性而有效使用，管它是给男人用还是女人用，其实都没什么关系。

事实上要一个男人来使用女人用的化妆品，并没有像说的那样容易。就拿女人爱用的营养乳霜来说，产品里面含有的大量油分，很有可能把男人的毛孔阻塞而引起皮肤问题。而使用了可以去除角质的乳霜之后，很可能在刮胡须的时候，不知不觉地伤到了去除过角质的皮肤。但是只要正确地了解自己现在的皮肤状况，而且掌握了自己皮肤需要的成分，那么大可豁达一点地挑战一下女人用的化妆品。这正是我黄主编的想法。

一旦领略了女用化妆品的魅力之后，就不会再去在乎那些看起来很可爱又小巧玲珑的产品外壳了（有些男人就因为化妆品的外观模样太女性化，因此不太肯使用）。

也有很多男人问我，是不是可以用自己老婆的化妆品。行，当然行，尽管拿起来用！只要确信适合自己的皮肤。还有一件最重要的，那就是要先得到老婆大人的同意！

## 体验！女子化妆品五重组

为了想要挑战女子化妆品的初级美肤男，我选了以下无论何种皮肤都可以毫无问题地拿来使用的“女子化妆品五重组”。反正先用用看嘛，“男人用女子化妆品，这太奇怪了吧？”这种话，我保证你会说不出口。

化妆水 | **菲诗小铺（THE FACE SHOP）海藻强效保湿植物精华水**（Arsainte Eco-Therapy Extreme-Moisture Tonic With Essential）

使用本产品之前先摇一摇，把精华油与竹子的萃取物混合。而使用的时候，让人舒适的芳香会一直萦绕在脸上。对于刮完胡须之后受到刺激的皮肤，具有非常卓越的镇定作用。

保湿乳液 | **雅诗兰黛（ESTEE LAUDER）超智慧 DNA 特润修护露**（Advanced Night Repair）

可以把皮肤修复、拉提及补充水分的最佳产品。虽然价格让人有点咋舌，但女人喜欢这个产品绝对有她的理由。一般在使用过收敛水或乳液之后，很难立即感受到有效果。但是在涂过本产品之后，第二天马上就可以感觉到皮肤变得有光泽。

精华液 | **梦妆（MAMONDE）的多效修护智慧保湿面霜（Total Solution Smart Moisture Cream）**

里面含有小时候姐姐丢给我使用的乳霜样品的香味，所以感觉倍加亲切。而且拥有足以胜过寒冬冷风的保湿效果。以它的价格来说，我真的很怀疑是否有其他同等价位产品，能胜过它持续让人感到舒适的保湿感。

紫外线隔离霜 | **巴黎欧莱雅（L'OREAL PARIS）的完美 UV 超效防护隔离乳液（UV Perfect Long Lasting Protector）**

丝毫不会感到油腻地渗透到皮肤，密合力非常强。也不用担心它会与脸上的油脂混浊，所以就算多涂几次也无妨。

面膜 | **雅漾（AVENE）的舒活保湿面膜（Masque Apaisant Hydratant）**

脸部感到粗糙及干燥的时候，可以试着使用。由于具有敷过脸之后再去洗脸，也可以不用洗脸的便利性，所以我极力推荐给男人们使用。由于用过一次就可以感受到它的效果，所以不会觉得用起来很麻烦。

为了方便，我依保养的顺序分别做了选择。而上述的商品，在其他页次会跟我推荐的商品重叠，那是因为我更喜欢使用女子化妆品。^—^

PROJECT 3.
Sun Care

# 面对太阳
# 我们应有的态度

不喜欢皮肤被紫外线晒黑吗?

那就这样试试看！为达到白皙皮肤的柔嫩必杀技。

跟宋仲基一起变帅起来吧（Let's be handsome）

# 每天每天<br>注意紫外线

“为了躲避太阳～我再如何地奔跑，太阳依然在我的上面～”

当我出外景的时候，如果等候的时间过久，就会哼唱着 Rain 的《躲避太阳的方法》来打发时间。（偶尔也会模仿他的舞步，真对不起我的经纪人大哥。）我之所以会不知不觉地唱起这首歌，可能是因为在我的潜意识之中，只要是拍外景就会特别在意要隔离紫外线吧。

一旦开始保养起皮肤，一定会觉得头上的太阳好像要比昨天来得大一些。太阳在我们的生命里虽然非常重要，但却对皮肤来说相当地困扰。而为了想要成为一个美肤男，从现在开始要尽量有技巧地躲避太阳才行。而其中最主要的防范对象，就是紫外线。紫外线是一个我们必须要详加了解的存在。大部分的男人，都觉得紫外线没什么了不起，但是等弄明白之后就会发现，这家伙的威力可也不是闹着玩的。而皮肤老化 80%的原因，都是紫外线引起的。

就在不久前，我也会常常忘了涂防晒霜。其他的皮肤保养品我都不会忘，奇怪的是没养成涂防晒霜的习惯。可能是因为在我还是短道竞速滑冰选手的时候，大部分的时间都是在室内的溜冰场练习，所以只顾着死命地往脸上涂保湿用途的保养品而完全忽略了紫外线!

自从我跨入演艺圈之后，也有好一阵子没有好好涂防晒霜。当时我心想，就算少涂几次防晒霜也不会怎么样，所以在赶时间或是觉得有点懒的时候，就会很自然地把它省略掉。没—想—到！当拍外景的频率开始增加

如果因为感到麻烦而不涂防晒霜，
那可就要遭殃了。

之后，紫外线的影响力开始慢慢渗入了我的皮肤。

在拍摄电影《霜花店》的时候，我在里面担任了护卫武士的角色。而才刚开始拍外景没多久，我的皮肤就完全毁掉了。那是因为我自认为拍戏的时候脸上还要再上一层戏妆，所以太相信自己的皮肤而跳过了防晒霜，结果就受到了严厉的惩罚。整个皮肤被晒得红彤彤的。我那一脸傲人的柔嫩湿滑已不复见，而透过镜子的反射，我只看到了一张臭老的面孔……我看起来从来没这么老过。当时跟我一起拍戏的林周焕大哥，还笑我说只不

拍《霜花店》的时候，我的皮肤完全毁掉了。

过是晒黑了一点就在大惊小怪。但是我却认为，无论如何都一定要把我原来的皮肤救回来。因此就在发生了这个事故之后，我就把冰过的化妆水、马铃薯面膜及黄瓜面膜等可以退火的产品，不断敷到了脸上。然后在上戏妆之前，我一定会先在脸上涂上系数较高的防晒霜之后再来拍戏。也就是因为这样，我才得以顶着大太阳，安然地拍完了长达 16 天的外景戏。而之前曾经取笑过我的周焕大哥，则挂着一张晒得红光满面的脸，大声喊出了："Help me！"（救救我）那个时候我得到了什么教训？那就是在没有涂防晒霜的情况下，绝对不可以拍外景！

男人们不太喜欢涂防晒霜的主要原因，我想可能是并没有看到明显的损害所致吧。不过一定要记得，紫外线在渗透到皮肤里面之后，就会开始加速我们皮肤的老化。

当我们观察长时间在户外工作的人之后就会发现，暴露在大太阳下面的手部与颈部，会比遮在衣服下面的手臂老化得严重许多。根据国外新闻媒体的报道，一对在不同环境下成长的双胞胎，其外貌也会逐渐变得不同。而影响他们的其中主要原因之一，就是紫外线。在紫外线较强的环境下成长的人，相对地来得“老成”一些。而且更不可忽略的是，紫外线会诱发皮肤癌的事实！所以生产化妆品的公司常常强调，要彻底做好隔离紫外线的工作，其实并不单单是为了要多卖化妆品而说的广告词而已。

有一句韩国俗语说：“春天的田，派媳妇去；秋天的田，派女儿去。”那是因为春天的紫外线要比秋天强，所以才创造出来这样的俚语。不过我们可不能去分什么春、秋，因为在我们的美容雷达系统中，每天每天都在发布着紫外线危险指数呢。

我从小开始，就对紫外线防范得非常彻底。

仲基的魅力忠告（Charming Advice）

# 管理紫外线的方法

Mission 1.

在本章节里要提到的秘诀，大致上来说共有三大重点。第一，在阳光下保养皮肤的方式，而且也是最重要的秘诀——隔离紫外线。第二，保有白皙亮丽皮肤的美白秘诀。最后一点则是，如何把被紫外线晒黑的皮肤复原回来的方法。

## STEP 1 没有防晒霜的外出，是不能发生的！

Sun Block（隔离太阳）

紫外线可以分为UVA、UVB、UVC这三类，其中我们最应小心的是UVA与UVB。UVB会把皮肤晒黑，而UVA渗入皮肤深层之后，会让皮肤出现黑色的斑点(这些斑点就会形成黑斑)。另外,UVA也会让皮肤变得干燥，进而使皱纹增生，而且也会使皮肤变得暗沉。由于它会夺取皮肤的水分，也会使得皮肤的弹性降低，所以如果想要拥有白皙、柔嫩的皮肤，一定要想办法来隔离紫外线。好，黄记者大人～就麻烦你说明得更仔细一点～！

## 紫外线的种类与特性

不需要去死背，而只要先简单地了解一下紫外线的特性就行了。其实只要稍微读一遍下面的内容，就可以大致上了解紫外线的害处及影响力了。先记得 UV 也就是紫外线（Ultraviolet）的英文缩写！

UVA

1. 不会被臭氧层吸收。
2. 虽然没有晒伤的危险，但皮肤表面会被晒黑。这也就是人们要晒日光浴的理由。
3. 皮肤在被晒黑的同时，能量会慢慢累积在皮肤里面，促使皮肤老化。
4. 比 UVB 更能渗到皮肤深层，进而破坏深层组织。
5. 不分夏季、冬季，强度几乎一致。（因为不会被臭氧层吸收。）

UVB

1. 大部分会被臭氧层吸收。（所以人们才会担心臭氧层破洞的问题。）
   不过因为仍然有少量能到达地球表面，因此要想办法隔离。
2. 会把皮肤晒伤。这就是去完海水浴场之后，皮肤会痛的主要原因。
3. 虽然不会渗到皮肤深层，但会让皮肤的表面产生红斑（皮肤变红肿的状况），
   而且也会导致皮肤癌。
4. 在夏季尤其强烈。

UVC

1. 容易诱发皮肤癌的最强烈之紫外线。
2. 还好会被臭氧层完全吸收。
3. 如果臭氧层破洞，就会使该紫外线的波长到达地球表面。结果不只会改变染色体，也会造成视网膜破坏等病变。

## 紫外线隔离也有级数

在我们选购紫外线隔离产品的时候，会发现产品上面都会写着“SPF”及“PA”的字样。这又是什么？或许这会让你觉得有点烦，但是暂且先忍耐一下，只要掌握住概念，就不会觉得那么复杂了。

SPF 其实就是防晒指数（Sun Protection Factor）的简写。我们只要记得

这是“UVB 隔离效果”的表示数据就好了。一般来说，防晒指数都会在 15 到 50 之间，而数字愈大，其隔离效果也就愈高。PA 就是防晒品对紫外线A的防御能力(Protection Grade of UVA）的简写。是表示“UVA 隔离效果”的标识。在这里不是用数字，而是用“+”号来表达隔离的效果，即+号愈多，表示隔离的效果愈高。不过并不是说紫外线的隔离指数愈高,就表示产品的效果愈好。因为紫外线隔离指数愈高，就表示隔离膜的厚度也就愈厚。如果使用之后没有好好把皮肤清洗干净，很可能又会造成毛孔阻塞的问题。所以要选购适合自己生活节奏的产品，才是最重要的。

**如果常常在室内工作** → SPA15~20 / PA +
**春、秋、初夏，在户外活动时** → SPA30~35 / PA ++
**盛夏、海边度假、滑雪的时候** → SPA40~50 以上 PA +++

紫外线是不分天气如何，随时都会存在的，因此在阴天的时候也要使用防晒霜。一般来说，夏季的紫外线最强而冬季的紫外线最弱。所以夏天应该更勤加使用防晒霜。

## 到底该涂多少呢?

涂防晒霜的顺序是在保湿剂的后面。只要倒出 500 韩元铜板大小（比人民币一元硬币略大）的面积，均匀地涂在脸上，大致就可以了。然后再倒出同样的量，均匀地涂在脖子与手臂上就行了。(有些产品还会分成脸部专用与身体专用。）要皮肤充分地吸收防晒霜而开始有效地隔离紫外线大约需要 30 分钟的时间，所以在外出前 30 分钟，务必要先涂上防晒霜。

如果可以，每隔 2 ~ 3 小时再补涂一次会比较好。不过由于防晒霜里面，让毛孔感到负担的油分及相关成分比较多，因此会发生使油脂分泌量增多的情形。因为运动或参加户外活动流了很多汗水，或因为油脂分泌而让面孔感到闷热的时候，最好先洗把脸再涂上防晒霜。

★ 防晒霜的使用顺序

洗脸→刮胡须→化妆水→（眼霜）→（精华液）→保湿液或乳霜→防晒霜

# 防晒霜，这个不错！

## { 仲基的选择 }

**ORBIS 新极致抗阳防晒露（UV Cut Sunscreen Super）SPF50 + ／ PA+++ 01**

由于密合力极佳，刚涂在脸上，就能感觉到产品会紧密地黏合在脸上。由于成分里面含有琉璃醣碳基酸，所以也不会轻易变干燥。

**兰蔻男士系列（LANCOMEMEN）防晒乳（UV Expert Neuroshield）SPF50 /PA+++ 02**

降低了油分的防晒霜。可以发挥高度的紫外线隔离效果，又很容易被皮肤吸收，而且也没有白浊现象。要长时间待在户外的日子，可以带在身边随时补涂。

**娇韵诗男士系列（CLARINS MEN）UV 清爽防晒露（UV Protection）SPF40 / PA+++ 03**

带给皮肤的刺激很少，是适合敏感性皮肤使用的防晒霜。涂上去之后很快就会被皮肤吸收，是不喜欢油亮及黏稠的男士们绝对会喜爱的产品。

## { 黄主编的选择 }

**巴黎欧莱雅（L'OREAL PARIS）完美 UV 超效防护隔离乳液（UV Perfect Long Lasting Protector）SPF50 / PA+++ 04**

里面含有欧莱雅的独门专利麦素宁强效滤光环 + 全效麦素宁滤光环（Mexoryl SX + XL），是拥有极佳紫外线隔离效果的产品。很容易涂上去是它的优点。使用后就知道该产品绝对不会平白无故地获得女性喜欢的原因了。

**彼得罗夫（PETER THOMAS ROTH）无油防晒乳霜（Oil-Free Sunblock）SPF30 05**

是具有水分的乳霜型产品。不过也因为如此，涂上去之后不会很容易感到干燥。它拥有可以隔离日常生活中紫外线的功能，却没有油分，所以在清洗的时候不需要用到卸妆油。

**薇姿（VICHY）润白隔离乳液（UV·Active Fluid）06**

刚涂上去的时候感觉有点黏，但随即会被皮肤吸收的润肤乳型产品，因此并不会造成使用上的不便。如果不断地补涂，有可能对皮肤造成负担，所以最好在短暂外出时使用。

# STEP2 能让你的脸孔变得白皙透明的秘方

Whitening（美白）

不久之前，我的一个朋友打了一通电话给我。他说难得有一个相亲的机会，于是他先去照了照镜子。没想到发现自己的脸孔太过暗沉，让他感到非常无力。再往脸上瞧个仔细，这才发现许多以前没见过的瑕疵，而就连他自己都觉得现在的脸孔很陌生。于是我就把如何让他的脸走出黑暗的秘方告诉了他。“那是什么？”“你快去做美白。”

## 把黑暗带来的使者，到底是谁？

心灵像白玉一般雪白，脸孔却一天比一天更像“黑暗之子”，这到底是怎么搞的？ 其实，这一切都是黑色素搞的鬼。而且在黑色素的后面，有一个叫紫外线的家伙在帮它撑腰。

我们的皮肤细胞在长时间受到紫外线的照射之后，为了要保护皮肤，它们会制造出一种叫做“黑色素”的黑褐色色素，送到皮肤的表面。然后黑色素就会吸收相当量的紫外线,来隔离紫外线的入侵。紫外线照射得愈多，为了保护皮肤而制造的黑色素也愈多，结果就会使皮肤变黑。而脸上的黑斑与凹凸不平的瑕疵,也全都是黑色素造成的。如果继续受到紫外线的照射，就会让皮肤持续地维持着暗沉，而久了之后那些瑕疵就会永久地留在皮肤

的表皮上。这就是所谓的色素沉淀。



只要稍有疏失，就会毫不客气立刻出现的黑色素。难道就不能像删除垃圾信件一般清除干净吗?

我们最先应该采取的方法，就是努力地涂防晒霜，来把隔离紫外线的事情日常化。但是就算如此，也不可能百分百地避开晒下来的阳光来防止色素沉淀发生。而且，已经留在脸上的瑕疵，那又该怎么办呢?

这个时候我们应该要注目的，就是美白产品。

## 美白，你又是什么?

所谓美白产品，就是负责把黑斑及瑕疵的颜色变淡，同时改善皮肤的状况,进而能使脸色变为亮白的化妆品种类。美白产品以化妆水、保湿乳液、精华液、乳霜、洗面奶等多样形态流通于市面上。而为了消除黑色素或是防止黑色素的生成，各家公司在生产的时候都会在产品里面添加不同于别人的独门配方。

在使用美白产品之前，记得一定要亲自测试一下各公司生产的美白产品成分，是不是适合用在自己的皮肤上。因为各家公司在研发美白产品的时候，里面添加的材料并不是为了要解决皮肤的油、水比例，因此并不会依皮肤的类型来考虑而生产。所以在购买美白产品之前，务必要先拿样品回来试用一下。

由于美白产品并不会考虑皮肤的油脂分泌情形，及水分的供给与否，所以在选购产品的时候只要考虑它的香味，与接触到皮肤时候的触感，是

不是合自己的意也就行了。而且该项产品务必要涂上一段时间才能见效，所以更加需要找到一个合自己意的产品才行。

## 绝不可能在一个早上就有改变

在使用美白产品的时候务必要记得这件事情，美白产品并不可能把我们原本保有的肤色也都一并漂白。美白产品只是负责防止黑色素的增生及沉淀，以免皮肤的表面出现黑斑及瑕疵而已。当然，市面上另外也有出售可以活化皮肤细胞而让肤色变好的产品。不过再怎么厉害，也绝对不可能在一个早上就能把脸上的肤色改变。

美白产品务必要持续使用才行。因为我们的皮肤细胞，也有它们的生活作息，因此要在不破坏这些生活作息的情况之下，小心翼翼地逐渐改善。而最少要使用 2 个月以上，才会慢慢地见效。当我们持续地使用下去之后，就会发现脸上瑕疵的颜色慢慢变淡，而且肤色也会跟着逐渐明亮起来。如果真有只涂了一两次就能很明显地看出肤色变好的化妆品，那么反而应该怀疑该产品是否对皮肤具有刺激性，或是为了加强效果而会出现反效果等问题。

明朗的面孔，会带来明朗的笑容！

## 美白产品，这个不错!

{ 仲基的选择 }

**HERA HOMME 神奇亮白精华液（Magic Lightening Essence）01**

只用大约5~6次，就可以慢慢感觉皮肤开始变为亮白。但是在第一次使用的时候，因为滋润的感觉不够持久，所以会感觉不甚满足。这是个很标准的美白精华液产品。特别推荐给对皮肤保湿非常有把握的人。

**芭比波朗（BOBBI BROWN）光透净白精华液（Brightening Intensive Serum）02**

跟牛奶有点类同的感觉。涂在脸上并不会感到很柔顺，而是感觉有些刺刺的。不过因为被吸收的速度很快，所以涂起来不会有什么负担。由于该产品的保湿效果并不持久，所以最好另外再涂上保湿产品。

{ 黄主编的选择 }

**IOPE FOR MEN 强效亮白精华乳（Power Brightening Fluid）03**

像食酰（一种韩国传统甜米酒）一般稀释的乳液，渗入到皮肤里面，最后会使脸孔变得柔柔亮亮。IOPE 卓越的抗酸化成分会使皮肤的状态变得白皙闪亮，而从生姜里面提炼的萃取物，能维持皮脂的均衡。不过干性皮肤的人使用起来，会感到有些负担。

**艾丝珀（ESPOIR）型男美白乳液（Style Whitening Fluid）04**

迷迭香的萃取物与琉璃醣碳基酸在提供水分的同时，也给皮肤带来镇定的功能。涂上去之后虽然不至于感到紧绷，但里面含有的多孔性粉末会调解多余的皮脂，而在不造成油亮的情况下，会让皮肤变得富有弹性。

**娇韵诗（CLARINS）极效锁白精华液（Intensive Whitening Smoothing Serum）05**

抹在脸上的同时，感觉就像是在皮肤上面形成了一层保护膜一般，会有湿润的感觉。在美白产品里面很少有这种情形，因此我给它打了个高分。使用后不用花多长的时间，就可以感觉到脸色会变得亮白。

## 古铜色的诱惑，日光浴……可不可以不要做？

虽然最近流行的趋势是牛奶色美肤男，但偶尔也想要让皮肤变成性感的古铜色，则是男人们普遍的心态。但是我以美容专家的立场奉劝各位，真的不要轻易地去做日光浴。暂且不讨论流行与个人的喜好，因为这样的确对皮肤没有什么好处。但是我想，一定还会有人在呐喊："不管怎样我就是想做～！"所以就非常简单地来做个说明，好让这些想做日光浴的人打消念头。

把皮肤烤焦的日光浴，其实就是故意在让皮肤老化。把皮肤的细胞加以烤热与日晒之后变得漆黑，看起来或许很健康。但其中的关键在于，必须要把皮肤完全暴露在紫外线的下面。把皮肤暴露在紫外线下面，为了想要"看起来比较健康"，结果却反而造成皮肤干燥、瑕疵浮现等，使皮肤必须要牺牲掉更多的"实际健康"。现在还想要去做日光浴吗？如果还是那么觊觎古铜色皮肤，那么就建议你去买健美选手们上舞台之前使用的助晒乳液，来抹在身上过过瘾就好。

# STEP2 可以让脸上的光彩变明亮起来的东西，亮彩乳液＆BB霜

Color Lotion & BB Cream

才在不久之前打过电话给我的那个"乌漆抹黑"的朋友，这一次又发了一条短信给我。"仲基，我已经照你的话去买美白产品来用。可是明天就要去相亲了，我现在该怎么办？"于是我就立刻又回了他一封魔法咒文："去涂亮彩乳液。"

皮肤还真不是盖的呢~

就只不过涂了个亮彩乳液而已……

为了拥有牛奶般雪白的皮肤，最近很多男人们选择的化妆品，就是亮彩乳液与 BB 霜。因为它们要比必须花很长的时间才能见效的美白产品更能快速地达到“白皙效果”，而且比起化妆又没那么的麻烦。

我是在念高中的时候，第一次使用亮彩乳液的。当时找安贞焕来当模特代言的化妆品公司，公开上市了一款新的亮彩乳液，的确造成了市场上的一阵轰动。跟我不相上下地对皮肤保养很用心的我哥哥，也刚好买了这个产品回来。我就在好奇心的驱使下，拿起来涂了一下。真没想到，哗～我的脸竟然立刻（在我看来）亮白了起来。由于太过神奇，我就一直不停地往脸上抹啊抹，抹到后来变得简直就像是演京剧的演员一样，正所谓：过犹不及。但是如果使用得当，那么亮彩乳液和BB霜的效果，绝对会是个满分。

## 用亮彩乳液，花 30 秒来美白

所谓的亮彩乳液，就是指加了跟皮肤颜色类同原料的乳液。而我们涂上比自己的皮肤颜色稍微亮白的产品，脸色就会显得富有活力，同时又会明亮许多。它算是男人的一项化妆品种类，但是也不要为了太急于美白，就往脸上不停地狂涂乱抹。

另外一个要注意的重点是，不要去选用跟自己原来的肤色差很多的亮彩乳液。我想大家应该都见过往脸上抹了太厚的化妆品，而造成脖子的肤色跟脸上的颜色明显有差异的女性，而不表认同地皱眉头的经验。这也是同样的道理，亮彩乳液并不是为了遮掩黑点或是青春痘的疤痕而生产的产品，它扮演的角色也只不过是为了要稍微修饰一下皮肤的颜色而已，所以请不要去做无谓的期待。但是就算只是稍微柔嫩了一点，那也已经很不得了了吧？毕竟给别人的印象，就已经好了很多呢。

在赶时间紧凑的清晨通告时，
只要涂一点亮彩乳液也就 OK 了！

## 闪亮的裸妆效果，BB 霜

跟亮彩乳液的效果差不多，而这两年广受大家欢迎的家伙就是 BB 霜 (Blemish Balm)。凡是对皮肤保养稍微用心的男人，应该都在使用它。

事实上 BB 霜并不是为一般人制造的产品，而是为了在皮肤科动过削皮手术的病患而制造的乳霜。当初为了要遮掩因为动完削皮手术而变得红肿的脸，就在乳霜里面加了接近皮肤颜色的原料，而且也加了一些保湿的成分来达到镇定皮肤的效果，同时也可以稍微隔离紫外线。

但是到了最近，比起用在医学方面，反而为了追求“闪亮的裸妆效果”而使用的人大为增加。而它跟亮彩乳液又没有什么很大的差别，所以可以挑个自己喜爱的颜色来使用。

### ★ 使用亮彩乳液的方法

亮彩乳液就如同字面上的解释，是加了颜色的“乳液”，所以在涂完收敛水之后，省略乳液，亦即保湿乳液的阶段就行了。把拇指大小的量倒在手背上面，用手指沾点的方式点在脸上之后，画着圆圈慢慢化开，才可以均匀地涂在脸上。如果颜色刚好但保湿效果不佳，那么为了加强保湿效果，可先涂过保湿乳液之后再涂上亮彩乳液，那就 OK 了。

使用的顺序　洗脸→刮胡须→化妆水→（眼霜）→（精华液）→亮彩乳液→防晒霜

### ★ 使用 BB 霜的方法

BB 霜是在洗过脸、涂过保湿乳液之后再使用。而这个时候，最好先留一点时间让保湿乳液可以渗入皮肤。渗入的时间虽然会因为皮肤的性质不同而会有所差别，但涂过保湿乳液之后先去换穿衣服，再回过头来再涂 BB 霜，那时间也就会刚刚好了。而且因为它也是化妆品的一种，如果先涂过之后再换穿衣服，那就有可能在急急忙忙中弄脏衣服。所以建议先穿上衣服之后涂 BB 霜，这样会比较好。

使用的方式也跟亮彩乳液一样。如果要用 BB 霜，就不要用保湿乳霜。由于油脂成分比较多的乳霜，不只是渗入到皮肤里面的时间比较长，而且形成的保护膜又比较厚，所以 BB 霜就会很容易浮在上面。而如果 BB 霜本身就有保湿乳液的功能，那也就可以省略保湿乳液。

使用的顺序　洗脸→刮胡须→化妆水→（眼霜）→（精华液）→保湿乳液→ BB 霜

由于 BB 霜里面已经含有隔离紫外线的功能，如果不是过于暴露在阳光下面，那就不需要再涂防晒霜。

## BB 霜是个万能乳霜?

大约在 2006 年，演艺圈里面刮起了一阵当时流行的削皮手术风潮。然后为了舒缓受到刺激的皮肤在涂上 BB 霜之后（手术之后），演艺人员们又争相公布了他们的“裸脸”，因此也制造了不少的话题。好玩的是，当时他们那些柔嫩的皮肤，却被大家误以为是涂了 BB 霜之后才造成的。就这样，市场上突然开始掀起了一阵 BB 霜旋风。就在这个风潮之中，BB 霜又摇身一变成为既可以隔离紫外线，又具有保湿功能，还可以舒缓皮肤，也可以遮住脸上小瑕疵的万能乳霜。说句实在话，它根本就跟亮彩乳液并没有什么太大的不同，却被宣传成了像是“综合化妆品”一般。而且让人很不解的是，消费者竟然都信以为真。

虽然现在新出厂的许多新产品，比当初出厂的那些产品升了好多级，根本就没得比，但是我仍然希望大家不要把它误认为是万能乳霜。因为要说它是防晒霜，它的 SPF 指数根本就不够；要说它是水乳霜，它的保湿能力又不足。而且绝大多数的产品，也就只有单纯修补皮肤颜色的功能而已。

再加上为男士们生产的 BB 霜，大部分都主张可以驱除脸上的油脂成分。而其使用结果发现，反而会让皮肤变得愈来愈干燥。

不过可能因为目前为止使用的消费层并不多，所以产品的色系也不算是很多。与其随便买随便用，不如不要买不要用。最好是要找到适合自己肤色的产品来使用，这样才能真正感受到产品应有的效果。

在使用过亮彩乳液与 BB 霜之后，一定要使用卸妆用的洗面剂来洗脸。
详细的原因我会在后面的化妆章节再来做说明。

## BB 霜、亮彩乳液，这个不错！

{ 仲基的选择 }

**兰芝男士系列（LANEIGE HOMME）防晒乳液（Sunblock Lotion） SPF50+ / PA+++** 01

拥有些许的修复功能，以及可以使皮肤的状况变为亮白的亮彩乳液，而且紫外线的隔离指数也很高。在亮彩乳液里面含有的粉末成分，可以防止油脂的分泌。适合不喜欢另外再准备防晒霜的人士使用。

**芭比波朗（BOBBI BROWN）SPF15 调色保湿乳液（Tinted Moisturizer）** 02

把不是很均匀的脸色整顿好的产品。颜色也有 5 种选择，可依皮肤颜色的不同做适当的选择。

{ 黄主编的选择 }

**谜尚男士系列（MISSHA HOMME）城市灵魂排毒 BB 霜（Urban-Soul Advanced Detox BB Cream）** 03

可以遮掩瑕疵与粗毛孔，使粗糙的皮肤变得亮白。适合比看起来白皙的脸孔要稍微健康一些的人士使用。

**忆可恩男士系列（IPKN MEN）UVBB 乳液（UVBB Fluid）SPF50 / PA+++** 04

适合红光满面的人士使用。质料非常稀，所以涂起来非常容易，也不会有结块的问题。它的紫外线隔离指数也很高，所以也可以代替防晒霜使用。

**自然乐园（NATURE REPUBLIC）蔚蓝男士遮瑕亮彩乳液（Men In Blue Homme Cover Lotion）SPF20** 05

可以隔离日常生活中紫外线的亮彩乳液。是个除了遮掩皮肤瑕疵的卓越功效之外，又不会让人感到闷湿的神奇产品。

黄主编的修饰忠告（Grooming Advice）

# 养成日常生活中的美容习惯 Mission 2.

并不是光往脸上涂就行了。就算用再怎么名贵的化妆品，如果在日常生活中没有养成“美容”的习惯，就不可能发挥应有的效果。所以如果真的想要成为一个美肤男，那么一定要把下面的内容予以习惯化＋生活化！

## 1. 香烟。如果真没办法戒掉，那就先减量！

香烟里面含有尼古丁与焦油等会毁害人体器官的东西，并妨害皮肤细胞的再生。而且香烟烟雾里面的一氧化碳等有害物质，会与皮脂混在一起之后黏在皮肤上，诱发皮肤病变的问题。而吸烟久了之后皮肤会变黑，并不是外在的因素，而是因为危害到了体内器官。不管怎样，香烟对身体可说是百害而无一利。如果真的没有办法戒掉，那么就多摄取水分或是水分多的蔬菜瓜果，来想办法把因为抽烟而积在体内的毒素尽可能地排掉。

## 2. 多喝点水吧！水！水！水！

如果向演艺人员请教他们保养皮肤的秘诀，那么得到答案一定会是：“我只不过是常常喝水而已。”事实上，我也很不喜欢听到像是“我只有读教科书而已”之类的“我只不过是常常喝水而已”这个答案。但是如果真的常常喝水，皮肤就会真的开始产生魔术。所以如果真想要让皮肤变好，那么每天至少要喝 2 公升以上的水。其实使用化妆品，也就是为了给皮肤补充水分，所以如果喝了足够的水，当然就会给皮肤补充水分，而且也有助于

排放体内的老废物质，并增进体内新陈代谢。

但是每天要喝掉2公升无味无香的水，绝对不是一件容易办到的事。所以我的方法就是随身携带一个水瓶，想要喝咖啡的时候就来喝水。如果实在感到光喝水很无趣，那么加一点好喝的添加物来喝，也是可行的方法。但一定要添加有助于身体健康的添加物才行。我喜欢加的是雪绿茶(O'Sulloc)公司出产的“水+(Water Plus)”。它含有绿茶的主要成分儿茶素，除了拥有分解体脂肪的效果之外，又可以让水变得好喝，而不会让我产生非要逼着自己喝水的感觉。

## 3. 好的食物，创造出健康皮肤

并不是光靠吃饭，皮肤就会变得健康，还有其他对皮肤很好的食物；死命地吸取维他命C，也不代表就能够完全搞定，因为虽然维他命C具有可以使皮肤变白的效果，但是维他命A具有防止老化，维他命E具有增加皮肤抵抗力的效果。感觉上只会让人肥胖的脂肪，其实也具有让皮肤柔嫩的效果。

说到这里，接下来的进度应该是：“什么里面有什么营养成分……”之类的了。不过如果我把它们一一列出来，反而不怎么容易记，因此我就简单地告诉大家一些对皮肤很好的食物好了。在下面提到的食物中，只要挑

我是真的很能喝水，在家里几乎是水不离口，而且在车上也准备了饮用水，方便我随时取用。

几样自己喜欢的食物来充分摄取，应该也就足够了。另外还有一点，我们每天喝的咖啡之中的咖啡因，会阻碍我们吸收这些食物的营养素。因此不要喝太多，一天顶多喝两杯就够了。

**★ 要常常吃的食物**

乳制品，番茄、胡萝卜等红色蔬菜类，柳橙，荷兰芹、花椰菜等绿色蔬菜类，杏仁、核桃等坚果类，小鱼干、秋刀鱼等可以连骨头一起吃的鱼类，白腹鲭等背部颜色青蓝的鱼，以及油脂成分少的白肉鱼类。

## 4. 在酒桌上，不被人察觉的呵护皮肤方法

从酒精进入体内的瞬间起，就开始夺取皮肤内的水分。这也就是为什么一喝酒，就会一直想要喝水的原因。你知道喝酒的场合有多少伤害皮肤的危险因子吗？香烟、酒精，还有导致皮脂大量涌出的各种含油量很大的下酒菜！但是喝酒的场合毕竟是社交生活的一部分，而且我个人也认为做人处世应该要会喝一点酒，所以就算我是个美容主编，也无法奉劝大家完全回避这种应酬的场合。不过我还是想小声提醒各位，在喝酒的场合还是要记得呵护自己的皮肤。

首先，喝酒的时候一定要记得多喝水。水不只是可以稀释进入体内的酒精，也可以补充因为酒精而流失的水分。再就是选用下酒菜。原则上要避开咸食、快餐类以及肉类食物，而要多摄取水果、沙拉、豌豆之类的食物。

然后最重要的，是要“不被别人察觉”地来呵护自己的皮肤！以免在酒桌上被别人发现之后，从草食男马上被烙印成为娘炮男。

黄主编的便利贴（Post-it）

# 美肤男的包包里面应该要有的东西

what's in your bag ?

可能会有人碎碎念着说：在家里保养皮肤就已经够麻烦了，干吗还要把化妆品放在包包里面带着走。但是出门在外要保养皮肤的理由，一样非常多。从二手烟、汽车排放的废气等污染物质开始，一直到从太阳照下来的紫外线为止，在我们的日常生活中，到处充满着刺激我们皮肤的危险要素。但我也不会因为如此，就要求大家扛着整组的收敛水及乳液上街。因为就算整组带出门，也不可能像是在家里一样地好好洗脸，再保养皮肤。不过下面提到的几样，请务必带在身上。

## 1. 保湿喷雾水

皮肤保养的重点，就是要供给水分。没有一项化妆品，是比保湿喷雾水（Face Mist）还要更方便的了。所谓的保湿喷雾水，就是一种可以往干燥的脸上喷上一层水雾的“喷雾器”。偶尔拿出来喷一下，不只可以防止皮肤的干燥，而且因为里面又含有抗菌成分，所以也具有洗净的效果。除此之外，里面也含有比一般的水更能保护皮肤的大量成分。

问我这个产品有没有正确的使用方式？当然有！如果直接对着脸喷，那就跟喷一般的水没什么两样了。即，在蒸发的时候也会顺便把皮肤的水分带走。因此，如果手臂比较长，就尽可能拉到远处再往脸上喷；而如果手臂比较短，那就像喷水池一样往头的上方喷之后，再立刻把脸迎上去。因为一定要这样，水雾才可以均匀地分布在脸上，而降低水分蒸发的危险。

可不要直接喷在脸上！

等喷洒到脸上后，记得轻轻拍打脸庞，来帮助皮肤吸收。

有些人因为油脂分泌比较多，所以到中午的时候一定要洗把脸。建议这些人可以改用保湿喷雾水而不用去洗脸。等洒在脸上之后再用面纸轻轻擦干，既可以减少刺激，效果又很好。

我拍戏的时候也会常常使用保湿喷雾。当我感觉脸上的妆有点闷，而又不能去碰的时候，只要稍微喷一下，感觉就会很不一样！

## 2. 吸油纸

是可以把脸上的油脂擦掉的薄纸片。油性皮肤的人，一到下午的时候，脸孔就会变得油光满面。但是太频繁地洗脸，反而会对皮肤造成刺激。这时候就可以不去洗脸，而用吸油纸把脸上的油脂擦掉。参加户外活动而该补涂防晒霜，却又不太方便去洗脸的时候，就可以用吸油纸先轻轻地把脸上的油脂擦掉，再涂上防晒霜就行了。

偶尔也有遇到一些羞于带吸油纸在身上的男人，不过最近也有许多适合男人携带在身上的时髦设计。比起脸上冒着满面油光，用吸油纸来擦一下应该没那么丢脸吧？如果你仍然会很在意别人的眼光，那就干脆躲到别人看不到的地方去擦，也就 OK 啰～

## 3. 护手霜

并不是手的表皮皱巴巴的，就表示极具男性美。这年头男人的手，也在自我保养的范围之内。美其名是保养，其实只要每次洗完手之后记得涂上护手霜，也就足够了。所以不要忘了把护手霜带在身边，以便随时洗完手后来涂。

## 保湿喷雾水，这个不错！

### { 仲基的选择 }

**DR. YOUNG 高效保湿喷雾（Sprinkling Mist Toner）01**

据说里面含有在沙漠中也可以成长的复苏植物海藻醣，以及从仙人掌里面提炼出来的保湿成分，所以用起来皮肤会感到非常地湿润。另外，产品里面有添加清爽的水果香，因此也增添了喷雾的乐趣。

**薇姿（VICHY）温泉舒缓喷雾（Eau Thermale）02**

是用薇姿地区的温泉水制成的保湿喷雾水。由于成分里面的矿物质含量很高，具有舒缓敏感皮肤的效果。同样是个任何皮肤都可以拿来使用的产品，这也是我最爱用的保湿喷雾水。

### { 黄主编的选择 }

**雅漾（AVENE）舒护活泉水（Eau Thermale）03**

是用 Avene 地区清净的温泉水制作的产品，里面含有非常多的矿物质。喷洒在干燥的皮肤上，可立即产生供给水分的效果。跟皮肤的类型不冲突，每当感到干燥的时候拿起来喷洒就行了。由于它的尺寸小，非常方便携带。

**ETUDE HOUSE 祛痘防过敏镇静喷雾（AC Clinic Calming Mist）04**

产品里面含有水杨酸，因此对去除角质有帮助，而且可以有效降低脸上问题皮肤层的热度。

## 吸油面纸，这个不错！

### { 仲基的选择 }

**芭比波朗（BOBBI BROWN）皮感吸油面纸（Blottering Paper）05**

眼尖的人一眼就会看出来，它是个外观非常有品味的吸油面纸。不过该吸油面纸的吸油功能，并不算是非常好。所以如果想要选购吸油效果好的吸油面纸，那倒不一定要选它。

### { 黄主编的选择 }

**DHC 吸油面纸（Oil Control Paper）06**

反正是要放在包包里面，而且又在别人看不到的地方使用，那么就跟哪一家厂牌没什么关系了。这个产品的吸油功能可真的是非常棒呢。

## 4. 护唇膏

不管是不是为了接吻，在平时就让嘴唇保持滋润的状态，其实也并没有什么不好。不论是女人，就连男人也是一样。当嘴唇的表皮干燥到角质脱落干裂，那么给别人的印象就会很不好。不只是看起来感觉病恹恹的一脸倦容而已，甚至于整个人的灵魂都看起来非常萎靡。而在平常的时候，只要涂个护唇膏，就能避免这种状况发生了。它不只是轻，体积也不大，更何况这年头，男人涂护唇膏早就已经不是什么新鲜事了。

我们会在后面一点的地方，再来详细地解说护手霜跟护唇膏。

## 5. 小镊子（Tweezers）

选择小镊子的时候一定要挑选密合力特别好的，以利于拔除胡须或杂毛的时候使用。因为在我们外出的时候，如果发现下巴突然冒出了一根胡须或是有鼻毛跑出来，只要身边有一个小镊子，就可以不费吹灰之力地把它们拔除掉了。如果看到长在下巴的胡须里面有特别粗黑的，而且还有碍观瞻，那也可以利用小镊子把它拔除掉。等试过之后就会知道，这还真的会上瘾呢。

我可是从念书的时期就已经养成了身边随时带着整套的收敛水、乳液以及护手霜的习惯，所以不只是保湿喷雾水、护唇膏，我就连洗面奶跟洗发水也都会带在身上。跟我们接触的人就会知道，我们不但要常常熬夜赶戏，而且还不时地被拉到偏远地区去过夜。所以我的包包里面随时都满满地放着这些东西。

身为一个美容专家，我当然最起码也会带着这五样东西。尤其是因为每一家护手霜的味道都不一样，所以我一用就是好几个。而且我还生怕会忘了带，因此在每一个外出的包包里面也都各放了一个，可见我多么的喜欢护手霜。要出门采访的时候，我还会把“李施德林”漱口水带在身上。理由只有一个，因为我很怕口臭。而且还可以转换心情呢。

美肤男仲基的手提袋，全面大公开。

由于事前我也很难预测会接到什么样的通告，所以有时候我还会多准备一些。

就算袋子会重，那也没有办法。

这总比用冷水洗过脸之后，还要忍受紧绷的感觉好多了吧！

PROJECT 4.
**Night Care**

# 每到晚上，<br>那个男人<br>就会做的事

每日保养皮肤的完结篇。

只要确实做到这里，就算是已经成了美肤男！

跟宋仲基一起变帅起来吧（Let's be handsome）

# 我们的夜晚，比你的白天还要美丽

最近只要回到家里，绝对都是筋疲力尽的状态。自从我出生以来，好像从来没这么忙碌过。只要一开始拍戏，就会一整个星期没日没夜，不停地赶工。再加上如果碰到拍海报以及现场直播的节目轧在一起的日子，那就必须要像超人一样“东奔西跑”地来回奔波，而且还要为了配合造型不断地改变发型及妆容，因此根本就没有时间好好地休息。由于一连几天每天只能睡上一两个钟头，我也只好利用拍戏中间等待的空当，在车子里面小眯 5 分钟左右。就这样忙碌一整天下来之后，回到家里的时间通常都是凌晨 4 点。当我打开玄关大门之后，我最想做的事情就是连脸都不洗，穿

拍摄大画报的日子：
“啊，好疲倦哦～到底什么时候才能结束啊？”

着衣服直接躺在床上睡大觉。但是身为一个专业的美肤男，我是绝对不会允许有这种事情发生的！我还是要把身上的最后一股力量挤出来，进入洗脸作业！今天我可得用去角质霜及面膜，来把我变粗糙的皮肤好好保养一番。

如果说晨间保养最需要突破的障碍是不耐烦，那么夜间保养最需要突破的难题就是“疲惫”。当我在外面忙碌了一整天回到家里之后，由于整个人的心情一下子放松下来，疲惫感就会立刻涌上来。而且每天晚上为了要跟“哎唷，就偷一天的懒，不用去洗脸就这么睡觉好不好？”的诱惑对抗，我的心情也真的很不轻松。

但愈是这样，就愈要打起精神。从一大早就开始进行晨间保养，有空的时候用吸油面纸来擦脸，用保湿喷雾水来用心地保养了一整天，如果回到家里连脸都不洗而就这么去睡觉，那么好不容易保养的成效一下子全都白费了。虽然眼睛看不见,但是皮肤表面一定有很多的老废物质塞住了毛孔，而那些尘垢也就是会引发皮肤问题的元凶。不是因为疲劳而导致皮肤的问题，而是因为用疲倦当成借口而不去好好清洗的行为，才会造成皮肤的问题发生。所以啦，凡事总该有始有终啊，不是吗?

我在身体疲倦的时候，更能发挥我的意志力而把皮肤保养的工作做好。因为我的身体如果疲倦，那就表示我的皮肤也处于疲倦的状态。所以像最近这么忙碌的时候，在睡前我一定会腾出时间来去个角质，并且用面膜来敷个脸。听起来可能有点麻烦，但事实上我也只不过投入了 10 ～ 20 分钟左右的时间而已。但是在皮肤会再生的夜间来进行保养，只花这一点时间而获得的投资回报率，相较起来非常高。

啊，既然提到面膜我再补充一下，我个人是非常喜欢敷脸的。之前我为了要拍“出发吧梦之队——加拿大篇”而前往温哥华的时候，我把粉丝送给我的面膜一起带了过去。而当我以尝试的心情试用了一下之后，我竟然体验到了一个前所未有的新世界！当时由于搭了太久的飞机，而且一整天又在户外拍外景，导致我的皮肤又紧绷了起来。于是我就跟我同房的 SHINee 珉豪，一起敷了脸之后睡着了。没想到第二天早上，我的皮肤变得既闪亮又柔嫩。(我找到啦！原来这就是面膜的世界呀～)

就这样感受到了面膜的效果之后，我就变成了面膜的爱用者。而回到韩国之后，只要是遇到紧急状况，我就立刻使用面膜来敷脸。只要一脚踏入了面膜的世界，那就绝对无法自拔的啦!

来，就算已经很累了，也再加把劲儿来撑过去吧。为了创造明日那光辉灿烂的皮肤。

今夜，我们正在更加地“美丽”当中呢。

仲基的魅力忠告（Charming Advice）

# 夜间保养三部曲

今天一整天下来，我们的皮肤因为外在的因素而感到非常地疲惫了。现在，就让我们好好地慰劳一下这辛苦的皮肤吧。在这里我要介绍的夜间保养共分为 3 个步骤。等你早上睁开眼睛之后，一定会感觉到皮肤变得非常柔嫩。

## STEP 1 敬告那些因为感到麻烦，而就这么跑去睡觉的人

Cleansing（洗面剂）

就算早上非常仔细地洗过脸，而又抽空用吸油面纸把脸上的油脂擦掉，但是一整天下来从皮肤里面渗出来的油脂、从空气中沾到脸上的尘垢以及早上涂在脸上的化妆品，全都一起混在皮肤表面，当然不可能仍然保持着干净。所以，如果认为自己的肉眼看不见，就抱着可以不用洗脸或是随便洗一洗的想法，那可是真的非常危险。换个角度来想想看，如果洗碗的时候，只用清水来冲洗沾满油垢的餐盘，那会造成什么样的后果？好啦，快点来洗脸吧，洗干净！

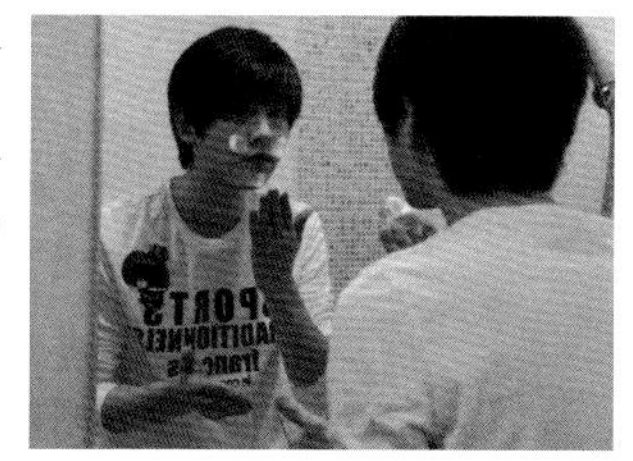

## 洗脸的重点

虽然跟早上洗脸的方式没什么大不同，但如果你是油性皮肤的人，那就要多费点工夫来好好地洗把脸。因为如果脸上的油脂分泌过多，是会招来许多对皮肤没有帮助的异物沾在脸上的。而清洗油污最好的方式就是用油，所以如果油脂分泌过多，那么晚上的时候使用洁面油（Cleansing Oil）来洗脸,那会是个非常不错的方法。而如果白天有使用SPF50以上的防晒霜，那也建议使用洁面油来洗脸。因为SPF50以上的防晒霜，里面含有非常多的油性成分。

然后不论是干性皮肤还是油性皮肤，洗脸的时间要尽可能简短。用洗面奶洗过脸之后，要尽快把脸冲洗干净，在最短的时间内把基本保养品涂在脸上。

### ★ 洗脸的顺序

1. 先用温水把脸孔沾湿，使毛孔扩张。
2. 把洗脸用的洗面剂，挤出拇指大小（1次）的分量。
3. 等搓揉出充分的泡沫之后，轻柔地抹在脸上。
   鼻子、额头等的部位，要更加费心地洗干净。
4. 用温水冲洗到泡沫完全冲干净为止。
5. 冲洗干净之后，再用冷水冲洗一两次。
6. 洗完脸之后，把留在脸上的水分用毛巾轻轻拍打擦干。

## STEP2 去除角质之后，竟然会变得这么柔嫩！
### Scrub（去角质剂）

虽然细心地抹过了乳霜再出门，但吹了一会儿的冷风之后就满脸起白皮的A君；才刚洗完脸之后，为了涂保湿剂而坐到镜子前面，却发现脸皮已经变白的B君；洗过脸之后用手一摸，却发现脸上的皮肤非常粗糙，而且满脸凹凸不平的C君。他们面临的共同点是？这三个人都该好好去角质了。今天，我们就把死去的角质，好好清理一次吧。

## 干燥也是角质，油腻也是角质

所谓的角质，是指那些在皮肤里面已经干死的细胞，被新生成的皮肤细胞推挤而露出在皮肤外层的老废细胞。简单地说，就是因为皮肤的水分不足，而死掉的细胞暴露在皮肤表面的现象。

“那么油脂分泌旺盛的油性皮肤，不就不用担心角质的问题了吗？”说到这里，一定会有人心里会这么认为。不过很遗憾的，事实上并非如此。油性皮肤的人，有着另一种的角质问题尚待解决。因为油分太多，死掉的皮肤细胞，会非常黏稠地被推挤出来，而这种角质，被称之为“脂漏性角质”。主要是因为油分与水分供给过多，该自动脱离的角质凝结而生成的现象。

这两种角质很容易用肉眼来区分，松松地浮在皮肤表皮上的角质是干燥性角质，而油脂含量较高，在鼻子的两旁或是额头上，油脂跟角质混在一起而像污垢似的堆积在一起的，就是脂漏性角质。而这两种角质，都会给人“看起来很落魄”的感觉。哎呀，该怎么处分这些家伙咧～

## 干燥性角质，用水乳霜最棒

干性皮肤的人会出现的干燥性角质，也就是说，只会起一层白色皮的轻微角质，就不用刻意要把它刮下来。与其刮下来，不如涂上水乳霜，而让角质重新附着在皮肤表皮上。但同时要注意的是，必须要持续地保养。不可以因为立即生效就放松心情，而应该要继续好好来补充水分。而且还要在洗过脸之后,尽快把水乳霜涂在脸上。这是因为一旦脸上的水分蒸发掉，皮肤也会立刻变得干燥，因此必须要在最短的时间内，把水分保护膜覆盖在皮肤的上面。

## 脂漏性角质，干脆一点地把它搓掉

由于油分与水分的分泌过多而形成的脂漏性角质，并没办法用水乳霜来解决。这时候最有效的东西，就是去角质剂（Scrub）！去角质剂，就是有小颗粒在里面的洗面奶。只要使用去角质剂，在脸上搓揉着把角质去掉即可。

### ★ 去角质的顺序

1. 先用温水来洗脸，使角质浮出皮肤表面。
2. 把去角质剂挤出 500 韩元的铜板大小，然后在脸上搓揉。
   →如果太用力，就会使皮肤受到刺激而变红，因此一定要轻轻柔柔地搓揉。
3. 等颗粒差不多搓没了的时候，再用温水来冲洗干净。
   →由于去角质霜里面已经含有洗净的成分，因此不需要另外使用洗面奶，而直接用水冲洗就 OK 了。
4. 用毛巾轻轻拍打着把水分擦干。

## 利用去角质剂，来进行超简单的按摩

在使用去角质剂的时候，先在最容易出现角质的部位稍微按摩一下。在鼻翼两侧、额头以及嘴角周围，边划着圆圈边来按摩。由于去角质剂含有溶化油脂的成分，所以只要不停地搓揉，就会产生摩擦力而在洗涤油脂

角质最容易出现的部位

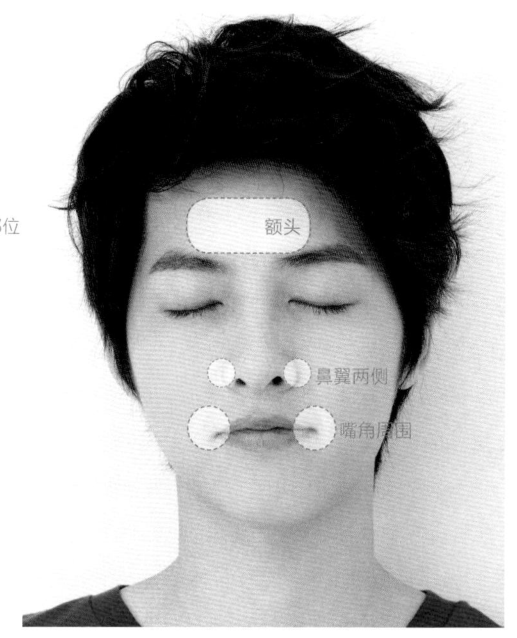


在使用去角质霜的时候，要注意不要搓到眼睛里面去。因为产品里面有颗粒的成分，不小心有可能会伤到眼角膜。

及去角质的功效方面会有意想不到的效果。不是划四角形或三角形，而是划圆圈来按摩，意思就是不要太用力而是要轻轻地搓揉。因为唯有这样，才能透过轻柔的刺激来使血液循环增强，而且也可以把老废物质清洗干净。

使用含有 AHA 或 BHA 成分的精华液或洗面剂，也对去除角质具有非常好的效果。AHA 或 BHA 能深入到皮肤的里层把角质层溶解，进而产生帮助皮肤脱屑的作用。而 AHA 对受到阳光的照射而损伤的敏感皮肤及干燥的皮肤较为适合，BHA 则是对去除皮肤出现问题之后产生的角质较为适合。含有 AHA 或 BHA 成分的产品，都会在说明书上明显地标示出来。

## 去角质剂，一个星期要用几次？

一个星期要使用去角质剂几次，并没有一定的答案。在去角质剂产品上面写的“一个星期使用2～3次”，那只是化妆品公司自己印在上面的字句，并不代表一定是正确的。只要自己用手触摸皮肤的时候发现前所未有的凹凸不平现象出现，或看到皮肤上有白色的角质出现，那时候再拿来使用就行了。由于去角质剂会对皮肤带来些许的刺激，所以刮过胡须之后最好不要紧接着使用。只要早上刮胡须，晚上去角质，那就绝对不会有问题啰～

## 晨间去角质，决死反对！

“难得一个悠闲的早上，闲着没事来去个角质吧？”

有些人口口声声说保养皮肤，却会异想天开地怀有这种想法。如果你也是如此，那么奉劝你立刻住手吧～早上的时间再怎么多，也不可以奢望到要去角质。因为一旦去了角质，那就必须还要花上好长的一段时间来镇定受到刺激的皮肤；而且在白天活动的时候，受到外部刺激而产生的角质会出现更多。

如果说只隔了一个晚上就看到皮肤表面有角质出现（那也绝对不会是能用肉眼看见的大片角质，而是因为睡眠环境干燥而产生的一层白色表皮而已），那最好不要把它去除，反而应该用保湿乳液或乳霜帮它形成一层保护膜，来让角质黏在皮肤上面比较好。我再一次强调，角质太多或太少才会造成皮肤的问题，而并不是所有的角质都要去除。不要忘记，角质可是为了保护皮肤而存在的一层薄膜。

### 去角质剂，这个不错！

{ 仲基的选择 }

**ENPRANI 肤雅乐深层去角质洁面泡沫（Feraruk Deep Cleansing Scrub Foam）01**

利用微小的颗粒去除角质的典型去角质产品。虽然绵密的泡沫降低了对皮肤造成的刺激，不过去角质的功能却没有减少。使用之后并不会立刻就感到皮肤干燥，所以干性皮肤的人拿来使用，效果也非常好。

**娇韵诗男士系列（CLARINS MEN）植物去油光磨砂霜（Active Face Scrub）02**

可以感受到胚芽大小的颗粒在里面的去角质霜。等把颗粒慢慢搓揉到溶化掉的时候，就会感觉到皮肤的确变得比较柔嫩，而且也白了一些。当洗脸的时候发现凹凸不平的情形，就可以拿来使用。由于刺激性很低，一般的皮肤都适合使用。

ETUDE HOUSE 神奇米粒去角质面膜（Magic Rice Pack Peeling）03

米粒的淀粉与谷物的粉末，会产生去角质的效果。虽然会对皮肤造成些许的刺激，但是皮肤变白的效果清晰可见，而且可以有效地减少油脂的分泌，因此感觉上还算可以接受。

芭比波朗（BOBBI BROWN）焕亮净颜粉（Buffing Grains For Face）04

是用豆类制成的天然角质去除剂。与其单独使用，不如与一般的洗面奶一起混合使用会更有效果。虽然成分会有些许的刺激，但去除角质的功效非常卓越。

## { 黄主编的选择 }

LUSH 黑夜天使洗面膏（Dark Angels）05

是用黑糖来去角质，黑炭来吸除油脂的去角质剂。先用水化开之后，在洗脸的最后阶段再来使用就行了。是只要一到中午就会被满脸油光所困惑的男人们最佳的选用产品。

FRESH 苹果籽美白去角质霜（Appleseed Brightening Exfoliant）06

柑橘植物类的水果萃取物，会把皮脂与角质溶化掉；而石榴籽与竹子粉末会把皮肤表面的死角质去除掉。是毛孔容易阻塞而常常会出现问题的皮肤非常适合使用的产品。不过与其想要治疗，不如以预防的心理拿来使用比较正确。

R. N. D. LAB 紧致换肤微晶磨皮霜（Skin Resurfacing Microdermabrasion Cream）07

在皮肤上面有一点水汽的情形下，用手指挖出产品抹在脸上，就可以感觉皮肤会变得非常柔嫩。比起敏感的皮肤，一直为深厚的角质而感到困惑的皮肤更适合使用。

SKEEN +去角质霜（Dermopeeling Exfoliant）08

纯粹含有乙二酸 0.14%的角质去除剂。虽然是使用化学药剂来制成的去角质剂，但由于浓度很低，所以并不会造成伤害。可以把阻塞的毛孔重新打开，对偶尔会长青春痘的皮肤大力推荐。

01 02 03 04

05 06 07 08

# STEP 3 闪闪亮亮，好耀眼喔~你是位敷脸的男人
Pack（面膜）

面膜是一种往脸上涂抹对皮肤有帮助的成分之后，可以洗掉或拿掉的产品。也被人们称为面罩（Mask），由于可以集中供给营养成分，因此在皮肤状况欠佳的时候使用，可以立即见效。虽然洗过脸之后就可以直接使用面膜，但是如果先去过角质之后再使用，效果会更好。

## 依面膜的种类来敷脸的方法

大致上来说，面膜的种类可分为覆盖式面膜、水洗式面膜、剥除式面膜、睡眠用面膜、纯天然面膜等。而它们的特征与使用方式如下：

覆盖式面膜（Sheet Mask）是最近最流行的一种面膜。在类似五官模样的薄片上面，浸满了对皮肤有益的精华液。在洗过脸、涂过化妆水之后，敷在脸上放置 10 ～ 15 分钟，然后拿掉就行了。而取下面膜之后残留在脸上的精华液，则轻轻地拍打着让脸皮来吸收即可。覆盖式面膜最大的优点就是使用方便。而且由于它的附着力非常好，因此不一定非得躺平才能使用。

在使用覆盖式面膜之前，如果先用化妆水涂过一遍，其营养的吸收效果将会更好。而如果先将覆盖式面膜放进冰箱放凉了之后再来使用，也可以增加镇定皮肤之功效。

水洗式（Wash-off Pack）使用之后要立刻用水清洗干净的面膜。通常用于舒缓皮肤、水分供给以及除掉皮肤里面的毒素。为了防止涂抹在脸上之后会往下流动，所以产品大部分都是黏稠的乳霜形态。在洗过脸、涂过化妆水之后，把面膜涂抹在脸上放置 10 ～ 15 分钟，再用温水来清洗干净。在涂抹面膜的时候，记得要避开敏感的眼角及嘴角的部位。偶尔会有一些面膜的使用说明书上说，该产品只要用面纸就可以轻易地擦掉。事实上虽然用面纸与用水洗达到的效果都一样，但毕竟用水来洗比较不会对皮肤造成刺激，所以还是建议尽可能地用水来清洗。

剥除式（Peel-off Pack）先涂抹在脸上，等它干掉之后再剥下来的面膜。在洗过脸，涂过化妆水之后，避开眼角及嘴角的部位把面膜涂抹在脸上放置 10 ～ 15 分钟，然后再把它剥下来。不过在剥除的时候务必要轻轻地剥，以

先把角质去掉之后再来敷个脸试试看。由于妨碍营养成分吸收的角质已经被去除，所以敷脸的效果将会更加卓越。

免对皮肤造成刺激。

睡眠用面膜这是我最爱不释手的面膜。使用的方法真的是超简单！在洗过脸，涂过化妆水之后，直接敷在脸上睡觉就行了。对不耐烦的男人来说，这是最适合的一种！

纯天然面膜就如同字面上的解释，是使用天然的材质来敷脸的面膜。只要把各种蔬菜、水果、养乐多、鸡蛋等多种材料，磨成泥之后敷在脸上，放置10～15分钟之后洗掉就行了。马铃薯面膜的美白效果尤其卓越，因此在晒了很久的阳光之后拿来使用最为恰当。我在拍完外景之后必会使用！

## 也可以用面膜来去角质

虽然面膜的主要目的是为了要补给皮肤营养与水分，但也有为了去角质而上市的面膜。在专为去角质而生产的面膜中，最具代表性的就是热面膜（Heating mask）。

只要把热面膜涂在脸上，就会产生温热的温度而使毛孔打开，进而去除老化的角质。在使用本产品之前，如果能先用热毛巾敷过脸，把毛孔扩张之后再来使用，其效果则会更好。当我们把面膜涂抹在脸上的时候，产生的热量会使角质的凝结力减弱，而使角质从皮肤表面剥离。而就在这个过程中，毛孔里面的老废物质也会被排出。为脂漏性角质而感到困扰的皮肤，最适合拿来使用。

去除角质用的水洗式面膜，因为刺激性较低，比较适合敏感性皮肤的人使用。而去除角质用的剥除式面膜，虽然老化的角质比较多的时候极具使用价值，但在剥除面膜的时候会带来一些刺激。保护角质层的睡眠用面膜，则是对还不可以剥离的角质具有舒缓的作用，干性皮肤的人感觉皮肤有些粗糙的时候把这种面膜敷在脸上，就可以确实收到补充油分、水分的效果。

## 可别因为好用就天天拿来用！

面膜是可以在短时间之内，补充最多营养成分给皮肤的化妆品。但是并不可以因此就天天拿来使用。因为皮肤可以吸收的水分与营养成分也是有限度的，所以一个星期只要敷个两次，你的皮肤绝对会有显著的不同。

一个星期只要敷两次就很足够了～

## 天然面膜真的会更好吗？

偶尔会有一些男人问我，可以在家里轻松制作DIY面膜的方法。（这些人还真的很勤劳）我在此特别告诉那些人，在家里DIY面膜最简单的材料，就是绿茶。只要在化妆棉上面沾上用茶包泡过的绿茶，然后敷在脸上就成了绿茶面膜！它对净化皮肤组织及消肿具有非常好的效果。

把黄瓜磨成泥来敷，或是直接把蜂蜜敷在脸上也都不错。黄瓜具有舒缓皮肤以及供给水分的功效；而蜂蜜则是具有非常卓越的保湿效果。如果喜欢，也可以把家里炒菜用的橄榄油跟黑糖搅在一起，用来按摩也不错。黑糖的颗粒可以把角质去掉，而橄榄油则具有卓越的保湿效果，可以帮助干性皮肤的人保湿。不过脸上残留那些油分，就有阻塞毛孔的危险，所以可别忘了要记得把脸清洗干净。除此之外，还可以在家里DIY的面膜可真的是无穷无尽。

不过我以专业的美容编辑以及男人的身份奉劝一句话，现在市面上把对皮肤好的成分萃取之后，科学检验通过后销售的化妆品种类那么多，又何必自己执意要繁琐地制作天然面膜呢？

再加上纯天然面膜全都是未经检验的原始成分，所以在涂到脸上之前，还要先涂在身上测试一下是否会有过敏反应。所以我再次奉劝各位，别想太多，只要在市面上买现成的面膜回来，持之以恒，定期使用就行了。事实上，要研究如何有效地使用，才是最实际的办法。

# 面膜，这个不错！

## { 仲基的选择 }

**SK－II 青春敷面膜（Fical Treatment Mask）01**

可以有效使脸色变得亮丽而名声大噪的产品。就算脸再怎么大，也有足够而且还过剩的精华液含量在里面，所以还可以把平常疏于保养的脖子及手肘的部位一起保养。我也常常买来当礼物送给妈妈，她也非常喜欢。

**ETUDE HOUSE 亲密男人控油面膜（Love Homme Sebum Control Mask）02**

舒缓疲惫的皮肤非常有效。虽然产品说明书上其他的效果并不怎么起眼，但光一个可以舒缓皮肤的效果，就已经值回票价了。

**自然乐园（NATURE REPUBLIC）浓缩海洋胶原蛋白补水面膜（Aqua Collagen Solution Marine Hydro Gel Mask）03**

可以为粗糙以及干燥的皮肤供给水分的面膜。由于不会黏稠，所以使用起来也很方便。由于它有凝胶成分，所以在家里到处走动也不会掉下来。适合认为敷脸的时候躺下来是在浪费时间的人使用。

## { 黄主编的选择 }

**雅漾（AVENE）舒活保湿面膜 （Masque Apaisant Hydratant）04**

内含不致粉刺成分的面膜。会为感到疲倦以及水分不足的皮肤立即补充水分的产品。到第二天早上洗脸的时候，就可以感受到它的价值了。任何肤质的人都适合使用。

**欧舒丹（L'OCCITANE）红米净化控油面膜（Clarifying Rice Mask）05**

结合了红米与多种黏土，吸油的效果非常卓越。是油性皮肤夏季必备的产品！

**KENZOKI 温和去角质面膜（Exfoliating Gentle Mask）06**

用坚果仁萃取的酵素来溶解皮肤的角质，所以不会造成皮肤的刺激。如果对有颗粒的去角质产品会感到不安，那就可以使用这项产品。它能会让人感到放心的淡香，可称得上是一时之选。

**伊索（AESOP）甘菊去瑕敷面膜（Chamomile Concentrate Anti -Blemish Masque）07**

可以把分泌过多的皮脂与老废物质清除掉，而使出问题的皮肤复原的产品。先涂在有问题的皮肤部位之后，第二天早上起床洗净即可。

01 02 03

04 05 06 07

## 那夜晚专用保湿剂呢？

并不是到了晚上就要使用不一样的产品。只要把晨间保养的时候使用过的保湿剂，继续拿来使用就行了。当然，使用夜晚专用的乳霜，效果的确会更好。不过因为这些产品里面含有会被阳光破坏的维他命C之类的成分，所以必须要在晚上使用才能确实地发挥效果。

### 夜晚专用产品，这个不错！

{ 仲基的选择 }

**忆可恩（IPKN）整夜补水面膜（All Night Water Mask）01**
是吸收非常快的凝胶模样的产品，浓郁的香草香味，也有安神的作用。由于舒缓皮肤的功效非常卓越，所以是个适合问题比较多的皮肤需要补充水分的时候拿来使用的睡眠用面膜。

{ 黄主编的选择 }

**尼克（NICKEL）硅谷密集式抗皱晚霜（Silicon Valley by Night）02**
虽然是晚霜，但由于油脂的含量不是很高，所以油性皮肤的人也可以安心使用。成分里面含有的胶原蛋白以及木槿花萃取物，可以让疲惫的皮肤迅速恢复。第二天起床后皮肤保持的湿润感，会比其他不会黏稠的同类产品要好上许多。

01 02

## 尽量吃宵夜吧！如果不怕脸肿起来

我想大家都知道吃宵夜会对身体不好，但是知不知道吃宵夜对皮肤也很不好呢？其实广受大家欢迎的宵夜，几乎都是咸的。而咸的食物进到我们体内之后，我们的身体就会产生渗透压现象，而把身体其他部位的水分拉过来，以便能稀释这些盐分过高的食物。这不只是会造成皮肤的干燥，而且也会使血液循环变得缓慢，所以早上起床之后，整张脸就会肿起来。尤其因为眼皮的皮肤特别薄，所以眼睛会肿得特别严重。那么吃淡一点就没事了吗？ Oh, No ～睡觉以前吃那么多，身体要进行消化都很辛苦了，皮肤怎么可能会好得起来呢？

## 美肤男必要的睡眠时间

已经去过了角质，而且又敷过了脸，接下来就该呼呼大睡了。正如美女都很爱睡懒觉一般，美肤男当然也不能例外。为了健康的皮肤，觉一定要睡饱了才行。虽然这会因人而异，但正常的情况下最好还是睡足 7 ～ 8 小时比较好。另外一个要注意的重点是，晚上 10 点到凌晨 2 点之间，要尽可能处于睡眠的状态。因为这一段时间就是皮肤细胞再生能力最强的时候。如果在这一段时间能给皮肤补充营养，然后又处于熟睡的状态，那么皮肤真的就会变好。实验一下吧～

## 一目了然的夜间保养顺序 *

1. 完整保养三部曲：洗脸→去角质→化妆水→面膜→（保湿乳液或乳霜）
2. 平常：洗脸→（去角质）→化妆水→（眼霜）→（精华液）→保湿乳液或乳霜
3. 要敷睡眠用面膜的时候：洗脸→（去角质）→化妆水→睡眠用面膜→呼呼大睡

黄主编的修饰忠告（Grooming Advice）

# 我要用的化妆品，就由自己亲自来购买吧

Mission 2.

时机终于成熟了，现在总算可以宣布独立而去买化妆品了！堂堂正正地推开卖场大门，不要扭扭捏捏地摆出一脸害羞的模样，不要被销售员华丽的销售语言迷惑，拒收姐姐施舍的化妆品试用品，我自己要用的化妆品，就依我自己的喜好，用我自己的手来挑选吧。其实只要记住几项重点，这就像是在超市里买牙膏似的，完全一样。兄弟们，走吧！该去买化妆品啰～！

## PART 1 要在哪里买呀？

其实我也无法断言要在哪里买会比较好。我也只能分析在各渠道购买的优缺点，并且把它们整理出来，然后让你依自己的状况来自行决定。

### 网上购物

如果已经确定了自己要买什么，而且也可以正确地判断自己该买什么，那就非常适合使用网上购物。

最低价？搜索一下
就出来了~

### 优缺点

1. 自己投资的时间愈久，就愈能用较为便宜的价钱购买。
2. 虽然要加入网络会员，但比自己亲自前往卖场购买，要省时、省钱又省力。
3. 如果不知道自己的皮肤状态，则很容易在搜寻自己该买什么产品的过程中把时间都蹉跎掉。
4. 因为无法亲眼看到，所以无法确认产品。
5. 每个人的皮肤状态都不太一样，而且最近网络上的使用心得几乎都是变相的广告，所以那些使用心得，根本就帮不上什么忙。
6. 不太容易要求退货还钱，而且要求还钱有时候还要自己负担配送的费用。

### 可以这个样子来活用！

1. 先了解自己的皮肤状态之后，到百货公司拿试用品，或向朋友借来先试用一下，然后再来购买。这样才不至于买错之后后悔，只不过稍微麻烦一点而已。
2. 如果是购买正在使用的产品，那就最划算了。
3. 购买时务必要确认有效期。
4. 不要接受装在空瓶罐里面的试用品。
（因为根本就无法确认产品的稳定性。）
5. 含有维他命A或维他命C等，会因保管的状态不好而会变质的产品，最好慎重考虑之后再决定是否购买。

## 电视购物

不想上网去搜寻的时候，只要拨一通电话就可以解决的，而且还会被跟购买的物品一样多的赠品给吸引住的购物方式。

### 优缺点

1. 非常方便。可以通过电话来询问有效期，而且也可以指定送货的时间。
2. 看到比购买的物品还要多的赠品之后，会深刻地体会到原来卖化妆品的利润真的很丰厚。不过仍然会觉得那些赠品非常具有吸引力。
3. 要退货还钱非常容易。由于他们主张的就是售后服务，而且还有体验期，因此他们也会接受无偿退货还钱的要求（注：各国实际情况不一，仅供参考。）
4. 仍然要先了解自己的皮肤状态才能订货。
5. 不要被电视购物台主持人的花言巧语以及用“照明技巧”武装的模特所迷惑，

自己的意志力一定要很强。

6. 一旦拨过一次电话购物之后，记录在电话里面的号码会一直怂恿自己再次追加购买而难以自拔。
7. 如果没能守住电视台播出的时间就买不到了。（不过我之前曾经在收播之后打电话去耍赖，结果他们还是把同样的东西卖给我了。）
8. 由于销售的产品都有限量，所以不见得随时买得到自己想要买的产品。

### 可以这个样子来活用！

1. 先通过节目看过产品之后考虑一下，如果时间允许，就先上网比较一下产品的价格与成分。常常会有比“原来的价格、原来的成分”还要更优惠的特惠商品套装案。
2. 不要被赠品迷惑，一定要优先考虑自己原先想要购买的商品。

## 百货公司

只能按照百货公司的定价来购买，不过可以接受皮肤的检测及咨询，而且会随着各专柜的不同及购买金额的多寡，来接受些许赠品的购物方式。

### 优缺点

1. 可以针对自己的皮肤，听到非常有用的信息，而且也可以直接试用很多的产品。
2. 在产品的保存与管理上，可以绝对地放心。
3. 在亲切的服务以及接受试用品的过程中，会与专柜销售员萌生出感情。
4. 确实可以要求退货还钱。（不过一定要有购物收据。）
5. 完全不会折让价格。
6. 比起电视购物，赠品要少得可怜。
7. 在谈话中，常常会发生冲动性购物的情形。必须具备可以抵挡引诱购物销售技巧的智慧才行。
8. 会浪费很多的时间及体力，而且如果遇到人多的时候就很糟糕了。

### 也可以这样子来活用！

1. 先仔细地听完说明之后再试用一下。如果是容易受到人情压力左右的人，那么可以改用网上购物或是电视购物。
2. 如果能先把时装杂志或是厂牌广告单上面的试用品交换券留下来，那么购物的时候就会感到很值得了。购物本来就该有这种乐趣，否则照着定价去买，未免太伤了。

3. 试用多样的产品固然不错，但是在涂了很多产品之后，很容易会搞不清楚到底什么东西比较好用。所以在试用的时候要分开部位使用，以便区别产品的效果。
4. 如果加入会员，就可以掌握新产品上架的消息，而且也不会错过试用品发放的时间。所以一定要记得把 E-mail 账号留给对方。

## PART 2 应对销售员花言巧语的方法

男人比较不喜欢去化妆品卖场的主要原因之一，就是感觉到“卖场的职员会造成压力”。既会觉得自己什么都不知道而有点丢人，又担心听到销售员滚瓜烂熟的产品说明自己却完全搞不清楚，更害怕听了花言巧语之后买一些不是自己喜欢的东西回来。再加上如果自己一时糊里糊涂地买得超过预算之后刷卡结账！那么在分期缴纳信用卡账单的时候，一定会流着眼泪呐喊：“以后还是拜托姐姐去帮我买好了。”如果想要防止这些悲剧发生，那么就得按照下列方式去进行！

### 事先取得相关情报

先选定自己想要买的厂牌，然后再上网去搜寻，把自己想要前往卖场试用的产品名称及相关情报了解清楚。因为必须要像这样先做好功课，到卖场之后才能处之泰然地面对销售员。如果销售员询问是否需要帮助，那么就“堂堂”地说明自己是来买“那个产品”的，然后好像是要告诉她自己大致上已经了解了产品内容似的“故意说给她听”。如果能进一步地要求销售员推荐可以搭配使用的产品，或是详细地告诉她自己的皮肤类型，并要求销售员推荐一些好的产品，那么看起来就像是非常内行的人了。不过也不要太过头，而让别人误认为自己是个很难搞的客人。

### 别把不知道当成耻辱

“这个产品是这一次新开发的叭啦叭啦……我们独家开发的产品成分，

可以使肤色更加亮白，而且也会把脸上的瑕疵藏起来～”有时候听到销售员职业化的解说，明明知道她说的内容，自己却一时转不太过来，正所谓有听没有懂。而且有时候也会听到一些陌生的词语之后，心里突然开始感到慌张。这时候千万要记得，一定要厚着脸皮把话问清楚。这个为什么会这样，那个为什么会那样，所谓独家开发的产品成分，里面到底是掺了些什么东西才会产生这种效果，请她帮你好好解释清楚。这样感觉很挑剔？才不会！这才是聪明的男人买化妆品的方式。

## 记得要索取试用品

在卖场测试过自己的皮肤状态之后，请销售员推荐自己现在最需要使用的化妆品，然后向她索取那个产品的试用品。把试用品带回来之后，一定要尽快使用完毕。如果一次用试用品的容量太多，那也不要为了留在下一次使用而刻意把它供奉在化妆台的一角。因为长时间与空气接触的化妆品，质量绝对会因为氧化而变质，所以就算用来涂在身上，也要把一次性的试用品，一次给它用完。然后一定要记得检查产品的制造日期和有效期，以及它的密封及保管状态是否良好。

# PART 3 化妆品与自己的脸不合的时候

唯有退货还钱才是生存之道。绝对不可以因为化妆品跟脸上的皮肤不合，就觉得花了昂贵的钱买来，感觉有点可惜地往身上涂；或是怀着“皮肤适应之后应该就没事了吧！”的心态而抱在手里不放。就算会有点麻烦，但是立刻办理退货还钱才是最经济、最明智的方法。如果是在百货公司买的，那么只要有购买的收据，任何时候都可以要求退货还钱。“不只是开了封，就算是已经用过了，仍然可以要求办理退货还钱。而网上购物或是电视购物，则产品开过封之后不得要求退换。”由于购物的时候他们都会写得很清楚，所以如果没有相当的坚持，是不太容易被接受退换货物的要求！不过如果能郑重地说明状况，然后请对方予以理解，那么有时候也会接受退换货物的，所以不要太早放弃。

## 化妆品也有八字合不合的问题

人与化妆品之间、化妆品与化妆品之间，也都有八字合不合的问题。有些化妆品如果一起使用，就会造成皮肤的问题；而有些化妆品之间，则是会有互补而相乘的作用。所以在购买化妆品的时候，最好依照下列所示，以免八字不合。

### 八字很合的产品群

含维他命 C 的精华液+防晒霜／水乳霜／为了改善皱纹的问题而常常使用的维他命 A，对于阳光与高温非常脆弱。不过由于防晒霜会形成一层保护膜，所以可以使维他命 A 在皮肤里面充分扮演它的角色。另外，维他命 A 又具有使老化的角质剥离的效果，所以如果搭配水乳霜一起使用，则又可以舒缓已经剥落了一层皮的皮肤。

含维他命 C 的精华液+保湿乳霜 / 维他命 C 常被添加在美白产品里面使用。而由于维他命 C 含有酸性的成分在里面，所以具有剥离角质的效果。相对地这也会降低保湿的能力，而使皮肤变得比较干燥。所以，当然就该使用保湿乳霜好好舒缓皮肤啰，不是吗?

## 八字不合的产品群

弹力精华液+水乳霜/如果在可以增加皮肤弹性的精华液上面，抹上一层可以舒缓皮肤的水乳霜，会有什么作用呢？这应该不用我多加说明，相信大家也都知道会有什么反效果了。所以通过～

含维他命 C 的精华液+含维他命 A 的乳霜/这两种产品都具有去除角质的效果。如果一起使用，则很可能加速角质剥离而使皮肤变得更干燥。这就是为什么同时修补脸上的坑坑洞洞与除皱，会进行得那么困难。

控油的精华液+抗老化乳霜/油性皮肤的人如果要使用抗老化乳霜，有必须要注意的事项。一般的抗老化乳霜，为了形成一层厚实的保湿层来保护干燥的皮肤，所以成分里面都会含有非常多的油分。简单地描述上述的组合就是，先把脸上的油分去除掉之后，再往脸上涂一层油。

含维他命 C 的精华液+胶原乳霜/维他命 C 会把增加皮肤弹性的胶原成分凝结起来。所以就算涂了再多吸收力很强的胶原乳霜，全部凝结在皮肤表面也没什么用处吧？

黄编辑的化妆台

仲基的化妆台

黄主编的便利贴（Post-it）

# 我的
# 皮肤保养 24 小时

## 熬过濒临死亡的杂志截稿日
黄主编的一天

**07：30 太疲倦了，所以只用清水来洗脸**

今天我只用清水洗了个脸。平常我都会用洗面凝胶来洗脸，但是我今天实在太累了，所以就偷了个懒。其实早上起床之后，光用清水来洗脸也没什么关系。头发则是因为每天都要上发胶，所以昨天晚上睡觉以前已经清洗过了，而早上只要用水把头发冲一下就行了。其实就算不用水冲，对头皮的健康也不会有什么影响，只不过头发在睡觉的时候被压到了，还是要先用水冲过之后才能方便造型。

**08：00 啊，睡眠不足……为了增加皮肤弹性，使用精华液**

先用化妆棉蘸上化妆水，好好地涂在脸上。今天只用清水来洗脸，所以要更加仔细地来擦拭！最近面临截稿的压力，而在长期睡眠不足的情况下感觉皮肤也都没有弹性，所以又抹了可以增强活力的精华液。我通常在早上的时候尽量不使用油分含量比较高的乳霜，因为一整天坐在计算机屏幕前，身边的吸油面纸通常都会完全不剩。

**09：00 截稿的最佳良伴，水！ 水！ 水！**

在水瓶里面装满饮用水，放在计算机屏幕旁边之后开始作业！因为截稿之前会比平常更耗精神，所以我会多喝水。为了提神，我不会选择去喝咖啡，而是把冷水一饮而尽，或是喝碳酸水喝到鼻子发呛。而为了增加平淡无味的水味，我也会准备一些可以加在水里面饮用的添加物或是各种茶包。

**11：30 午餐前，再涂一次防晒霜**

由于房东不允许外送的食品进入办公大楼，所以我必须要到外面去用午餐。可是外面的阳光好刺眼喔！我生怕皮肤会被太阳晒黑，所以再抹一次防晒霜。不过如果一下子抹太多，皮肤又会感到很闷，所以只抹薄薄的一层。这总比不抹要好多了。

**14：00 客人总会在我油光最多的时候来访问**

一到下午，我脸上的油分就会强烈分泌。而偏偏在这个时候，各厂商的负责人，以及读者朋友为了领赠品而来找我。濒临截稿我又不能老是跑去洗脸，满脸的油光就先用吸油面纸来擦拭吧。

**16：00 稿子写不出来，而嘴唇却又干涩**

濒临死亡般的截稿时间就快到了。由于脑海里面已经挤不出半点东西，我为了写一个专刊而干耗了 5 个小时，导致嘴唇也都已经干掉了。看样子光靠喝水是无法补充水分，于是我就抹上了厚厚的一层护唇膏。

**19：00 上厕所当运动&护手霜**

水如果喝得多，上厕所的次数也会跟着增加。尤其如果多喝绿茶，由于绿茶里面含有的儿茶素成分特别利尿，比光喝水的时候更容易跑厕所。既然截稿的时候没时间去运动，干脆就把上厕所当成运动，顺便把体内的废弃物排泄掉。上完厕所，洗过手之后，我一定会抹上护手霜。这个动作绝不例外。

**21：00 在干燥的办公室里面下的雨，保湿喷雾水**

办公室里面一整年都会很干燥。夏天的冷气、冬天的暖气，都会让皮肤变得很紧绷。由于我又没有勤劳到时时刻刻跑去洗脸、涂保湿剂（事实上也根本没有多余的时间，这就是为什么我们杂志业最怕截稿时间），也只能往脸上洒一些保湿喷雾水就算了。而我只要一感到干燥，就会立刻拿来使用。

**01：00 难得来泡个半身浴吧**

我今天下班要比平常来得早。因为已经一连熬了几天的夜，我想要早点回来好好地泡个热水澡，难得让自己好好放松一下。平常疏于保养的身体，要用身体乳液来好好地呵护了一下了。

### 自己给自己 ★ 做个总评 今天的皮肤保养分数：89 分

只要一到头昏脑胀的截稿日，别说什么皮肤保养，根本就连好好洗把脸的时间都没有。而在这一段期间，我的皮肤也就会瞬息间变得一塌糊涂。不过今天还算是用我的意志力来保养了一下皮肤。而且来家又泡了个半身浴，感觉疲劳也恢复了一些。不过一到明天，那些黑头粉刺一定会朝我的下巴进攻。每天睡不到 4 个小时，睡眠不足自然是一个很头痛的问题；而且一整天坐在书桌前面，运动不足也是一个很严重的问题。等截稿工作完成之后，我一定要好好补个眠，然后用去角质霜以及面膜，把我脸上的角质好好清干净！

需要一整天待在办公室里面上班的内勤人员，也可以参考我的保养模式！

PROJECT 5.
Special Care

# 为了需要特别保养的你

只因为是一个男人，就无法向他人启齿的那些令人烦恼的问题，现在就让我来为你解答吧！

跟宋仲基一起变帅起来吧（Let's be handsome）

# 朋友的告白

当我还是短道竞速滑冰选手的时期，有一次在江原道移地训练的时候不小心受伤，一个人留在宿舍里面休息。当时担心我受伤的情形的总教练，心想："这小子该不会伤得很严重吧"，放不下心地走进宿舍来看我之后突然暴笑了出来。他看到受伤的我，抱着病还只顾着洗脸，照着镜子涂收敛水、乳液的模样之后，整个人当场傻住而不该说什么才好。愈是状况不好的时候，愈是要打起精神来好好保养自己的皮肤。无论是当时还是现在，这都是我最坚持的理论！也就是因为有这种想法，所以我的皮肤才会没什么问题一路撑了过来～

看到一个小伙子往脸上抹东抹西的模样，很少有人不会带着有色的眼光来看待。经过初中、高中的时候，我也受到了同学们不少异样的眼光。而就算现在已经踏入了演艺圈，他们对我的眼光仍然没有改变。如果我奉劝那些朋友们要好好保养皮肤，他们就会辩驳我说："喂，你因为是演艺人员所以才需要保养啊！我们才不需要保养咧。"来回答我。不过到了最近，我感觉到我身边的氛围变得不太一样了。

前不久搬家的时候，一个好朋友来帮忙。当我把家具全部安置好了之后，把化妆品摊在化妆台上面整理的时候，这家伙突然戳了一下我的肋骨。我心想这小子一定又要数落我说："喂，一个大男人怎么有那么多化妆品啊？"

没想到他竟然出乎我意料地说："仲基呀！这些化妆品要到去哪里买啊？"

前几个月看到我的化妆品还“嗤之以鼻”的家伙怎么突然变了？而且我发现我这个朋友的表情也不太寻常，在他感到有点害羞的表情后面，似乎是在向我呐喊着：“Please help me ～（求你帮帮我）。”“你是不是交女朋友啦？”

经过询问之后，我才知道他最近应聘工作非常不顺利。寄简历出去还没什么问题，但就是过不了面试这一关。看他的模样口试应该也不会有什么问题，但问题就出在他的第一印象无法获得主考官的信任。他说看身边其他参加面试的应征者，好像是在哪里先经过了脸部按摩似的，每一个人的皮肤看起来都非常明亮。相较之下，他的皮肤就没那么亮眼，而会给别人不怎么明朗的印象，而且可能也因为紧张的缘故，一到面试的日子，脸上就会冒出痘子而让他无法很自在地面对别人，所以就算只是为了要恢复一点信心，他也很想好好保养自己的皮肤。这虽然让我对外貌胜于实力的现实社会感到悲哀，但又能怎么办呢？总是要先找到工作才行啊。

我立刻检查了一下他的皮肤状态，然后给了这个朋友一些建议。先把油分分泌过盛的毛孔控制好，等脸上的青春痘消除之后，再把鼻翼两侧的黑头粉刺清除干净，整个人看起来就非常有智慧了。然后如果要给别人非常老实又诚恳的印象，那么在开始进入面谈之前，先用吸油面纸把脸上的“油光”擦干净。

这下子我这位朋友，才把埋在他心里的其他话也一并说了出来。其实他有很多皮肤方面的问题想要问我，却一直犹豫而不知道该如何开口，而且他也想去皮肤科好好检查一下他的皮肤，但又提不起勇气来，所以想邀我陪他一起去。

“仲基呀，我下个星期又要参加一场面试，你的化妆品可不可以借我用一下呀？不是有那种可以敷脸，而且同时可以按摩的吗……嗯？”“我才不呢，臭小子！之前还嘲笑我呢。如果你叫我大哥，那我考虑考虑。”

虽然我也只是开开玩笑，但是心里突然锵地揪了一下。我是比较早一点跨入了这个社会，而我这些朋友们也都已经到了要找工作的年龄。看到他们现在总算是体会到原来皮肤也是社会竞争的一环之后，我的心里不禁震颤了一下。

搬家的时候我在前面路口看到了一家化妆品卖场，为了谢谢这位朋友帮我搬家，于是就买了一些化妆品送他，来取代请他喝酒。化妆品的内容是一套基础化妆品、面膜，再加上去角质霜以及吸油面纸。“臭小子，你用了这些东西之后面试一定要过关喔。如果有什么搞不懂的地方你再打电话给我！不过从下一次开始我可是要收咨询费的呦～”

别再一个人苦恼了，
就让我们积极一点地来解决问题吧，兄弟们！

仲基的魅力忠告（Charming Advice）

# 完全克服<br>专属于男人的<br>四大皮肤问题

Mission 1.

为了补充皮肤的水分而每日进行的皮肤保养，就是最基本的保养程序。而其他分门别类进行的保养，就可以称之为特别保养。皱纹、青春痘、黑头粉刺等，如果我们仔细找一找，就会发现要保养的地方还真的很多。在发现这些平常疏于保养而受损的皮肤之后，要开始想办法来找出解决的方法。而且要抱着“还好是从现在开始保养”的正面心态。

## PART 1 对于你是魅力，对我来说是瑕疵——皱纹

其实我对脸上的皱纹并不会很反感。这可能是因为我还没到达满脸皱纹的年龄，所以才会有这种心态，但是我总觉得老得非常有型的肖恩·康纳利，或是乔治·克鲁尼，都非常帅气。不过要能像他们这样老去，还真的很不容易。因为失去皮肤的弹性而干燥之后生成的皱纹，并不是忠厚的魅力，而是苍老的象征。

### 让皱纹生成的主要嫌犯

如果想要完全“掌握”皱纹，那么就应该先去了解皱纹生成的原因。由于男人的皮肤比较厚，所以皱纹没那么容易生成。但是一旦生成之后，却又没办法那么容易消除掉，我们一定要牢牢记住这一点！好，下列名单

就是让我们珍惜的脸上生成皱纹的主要嫌犯：

紫外线 / 紫外线会造成皮肤的老化，大家应该都知道了吧?
活性氧 / 就是在我们呼吸的过程中，进入体内的氧气跟各种营养素结合而制造能量的过程中，所生成的酸化性非常强的氧。如果用汽车来比喻，这就像是汽车排放的废气一样。而活性氧会破坏皮肤的细胞，而且也会让皮肤变质。
酗酒、吸烟、压力 / 深藏在我们深层皮肤里面，负责掌管弹性的胶原，与弹力蛋白，会因为酗酒、吸烟、压力而失去均衡，导致皮肤会变得松垂。而且在这个过程中，活性氧也会跟着跑出来。
表情 / 在我们说话或露出笑容的时候，表情持续反复会让皱纹成形。
干燥 / 如果皮肤的表皮干燥，那么就如同上面所说会使皮肤失去弹性，进而使皱纹愈来愈深。

## 皱纹啊，请你歇歇脚

流逝的岁月，又有谁能止得住呢? 就算已经知道了原因，我们也不可能完全止得住皱纹的生成。因为皱纹会随着年龄的增加而自然生成。我们所能做的，也只是让皱纹生成的时间稍微缓一缓而已。不过一定要记得住下列的几项重点：

充分补充保湿剂 / 就像湿润的大地不会裂开一样，只要皮肤常保持在湿润的状态，真的就不容易生成皱纹。所以按照自己现在的皮肤状态，要时常用保湿乳液及乳霜来保持皮肤的湿润。
防晒霜的生活化 / 紫外线对皮肤的伤害是会累积的，所以如果不持续地使用防晒霜，那根本就没有意义。所以除了长时间暴露在太阳底下之外，就算是平时也要习惯性地使用防晒霜。
使用抗老化产品 / 如果使用可以改善皱纹问题的抗老化产品，那么确实可减缓皱纹生成的速度。不过使用之前要先认清一件事情，那就是该项产品的价格真的很不便宜。
充分的睡眠 / 每天要睡足 7 ～ 8 小时。尤其在晚上 10 点到凌晨 2 点之间，应该尽可能地处于睡眠的状态。
远离酗酒、吸烟、压力 / 这就不用我多说了。这不只是预防皱纹必须遵守的事项，就连保养皮肤也是必须要遵守的守则。

如果疲劳不断地累积，皮肤细胞的活动力就会降低，而微血管的血液也无法顺利供给。这就是为什么疲倦的时候脸色也会跟着变差的原因。而血液无法顺利供给，也就会直接造成皮肤的老化。

## 按照抗老化产品的成分加以灵活运用

一旦决定要使用抗老化产品，那就最好大致上记得产品里面的成分。因为如果能按照产品的成分加以灵活运用，那就真的会事半功倍。

抗老化产品里面最著名的成分就是维他命A。维他命A可以有效软化皮肤里面的角质层，而在除去老化角质层的同时，也会活化皮肤细胞，并增加皮肤的弹性。由于它的刺激性低，因此在抗老化的化妆品里面最常被用到。而就因为它有去除角质的功能，所以在用过该产品之后一定要补上防晒霜。因为刚除去角质的嫩皮肤，会更受不了紫外线的刺激。

抗老化产品另一个常被用来使用的成分就是维他命C。因为维他命C有抑制活性氧生成的效果。我在前面《夜间保养》章节里面稍微有提到，如果维他命C露出在常温或紫外线之下，则很容易受到破坏。所以含有维他命C的产品最好不要在早上使用，而应该在不用担心会暴露在紫外线之下的夜间使用。

抗老化产品并不会把皱纹完全消除，可以理解为它能减缓皮肤老化的速度，以及会使皱纹的纹路变浅。不过与其过度地使用抗老化产品，不如多练习微笑，来使自己脸上的皱纹变得更帅气一点。

## 抗老化产品，年轻的时候使用没有效？

“如果从年轻的时候就开始使用抗老化产品，那么皮肤就会太早习惯抗老化产品，而以后用再好的同类产品，也很难得到很好的效果。”

类似这样的话，我想大家可能都听过。这句话就意味着：“反正现在还早，所以不必去理会抗老化产品。”然后就草草下了定论。如果要我用○、× 来标示答案，那么就是偏向 ×。

并不是皮肤吸收了某一种营养成分，就会对那个成分免疫。不过因为皮肤细胞自小开始太过活泼，所以在自体免疫系统良好的情况下，就算用了同样的化妆品，其产生效果的时间也比较短暂而已。

但是等年龄慢慢增加之后，就会慢慢感受到之前累积的效果。所以就算年轻的时候开始使用抗老化产品，也不会构成什么问题。只不过是贵了一点。

# 抗老化产品，这个不错！

## { 仲基的选择 }

**兰芝男士系列（LANEIGE HOMME）双层抗皱保养液（Dual Wrinkle Manager）01**

分装成精华液与眼霜两个瓶子，包装在同一个盒子里面卖。不能因为嫌麻烦而把它们拆开来买。不过因为用起来很清爽而且被吸收也很快，就算两瓶都拿来涂，也不会花上多长的时间。

**兰蔻男士系列（LANCOME MEN）男士 3D 立体紧肤精华（Renergy 3D Profil Serum）02**

散发着好像在濒临刺激的警戒线上刚好停下来的清香。涂在脸上会有一点刺刺的感觉，而且会使皮肤变得有弹性。对感觉皮肤开始老垂的男人来说，应该会是很受欢迎的产品。

**彼得罗夫（PETER THOMAS ROTH）娃娃脸抗老乳霜（Mega Rich Intensive Anti-Aging Cellular Cream）03**

是专为干燥的皮肤生产的营养霜。可以增加皮肤的弹性，而且含有缩氨酸的复合体成分，可有效减少脸上的皱纹。不过由于含油量很高，而很容易使皮肤油光满面，所以油性皮肤的人要避开！

## { 黄主编的选择 }

**碧欧泉男士系列（BIOTHERM HOMME）男士极量紧肤凝露（Force Supreme Gel）04**

比起之前的碧欧泉男士系列，感觉还要高一档的产品。会让年纪大一点的男人喜爱地多加了一些油分，而且味道也更清新了一点。

**ENPLANI 男士系列（ENPLANI HOMME）城市暗沉维他命A 8 抗老精华液（Urban Black Retinol 8）05**

以精华液来看，算是比较稀一点的产品，所以油性皮肤的人不必另外再涂保湿乳液。产品的吸收力非常好，而且也不感到黏稠。虽然肉眼很难察觉得出皱纹的改善效果，但是在快要用完一瓶的时候，可以感觉得出皱纹的确少了一些。

**芭比波朗（BOBBI BROWN）瞬间唤肤精华液（Intensive Skin Supplement）06**

虽然不会立刻生效，但确实可以感受到皮肤的表皮变得比较光滑。不会受到皮肤形态的限制，任何肤质都可以安心使用。

01 02 03 04 05 06

# PART 2 送给别人吧，满脸的油光

看到满脸油光的男人，没有一个女人会喜欢。这虽然不完全是为了要吸引异性，但是我个人认为，如果自己脸上泌油的问题很严重，那么还是要适度关心一下比较好。试想一位身上穿着套装的大帅哥，整张脸的油光多到似乎用手碰一下就会哗啦啦地流下来，那会是什么样的感觉呢？我想他身边的女人应该没有兴趣再去碰他的脸。

## 水水亮亮是 Yes，油光闪烁是 No

脸孔之所以会油光闪烁，主要是因为皮脂分泌过多所引起。而皮脂分泌量受到男性荷尔蒙的遗传影响也很大。如果改变饮食习惯，以及适度地清洁及保养皮肤，那么大致上可以改善这一方面的问题。万病之根压力，也不会放过皮脂的问题。而且错误的皮肤保养习惯，也会影响皮脂的分泌，所以我们不能不小心。当然，如果你能够按照本书里面的内容去保养，那就不会有问题喽～

## 还没去买吸油面纸啊？

虽然洗脸是最好的方法，但是如果并非一整天待在家里，那么就不可能那么频繁地去洗脸。如果洗脸之后没能适当地进行皮肤保养，而把皮肤需要的水分与油分全部洗掉，那还真不如不要洗。并且如果太频繁地洗脸，也会造成皮肤的负担。而这时最适合使用的物品，就是吸油面纸。只要轻松地拿起来放在脸上，轻轻拍一拍就可以把分泌过多的油脂吸掉，所以完全不会感到麻烦。

## 用油性皮肤使用的化妆品来控油

使用起来再怎么轻便，还是有些男人会认为："打死也不在别人面前用吸油面纸！"那么这些男人必须要在家里找到可以控油的方法。

首先要勤于洗脸！洗过脸之后用油性皮肤使用的收敛水及保湿乳液来保养。而使用可以控油的精华液也不错，记得要涂在容易出油的额头与鼻子的周边。到了晚上的时候再用去角质剂，把因为油脂分泌过多而分布在脸孔各处的老旧角质去除掉。使用含有吸取皮脂效果的泥浆或石膏成分的面膜来敷个脸也很好，等敷过脸之后，用可以把扩张的毛孔收缩又具有舒缓效果的化妆水来结尾。如果觉得这样很麻烦，那就用冷水洗脸来结尾也未尝不可！

## 男人的毛孔本来就很大？

超大的毛孔，在美观上也是非常地碍眼。或许会有人认为："男人的毛孔本来就比女人的大。"但这样的说法，未免太突显对自己的皮肤真的很不关心了。虽然说毛孔的粗细跟遗传也有一点关系，但是如果粗大到足以引人侧目的地步，那肯定是皮脂分泌出了问题。皮脂分泌得愈多，毛孔的洞也就愈大。因为皮肤为了顺利排出不停地分泌的油脂，只好让毛孔的洞口愈来愈大。其实男人的毛孔并不是本来就大，只不过因为放任皮脂不断地分泌，久而久之洞口就变大了。所以如果发现毛孔的洞口大到了碍眼的地步，那么就要开始对皮脂分泌的问题费一点神了。

油脂分泌得不是很多，可是毛孔的洞口也大到碍眼？那是因为皮肤没有弹性造成的。皮肤失去弹性而松垂下来之后，毛孔看起来就很大。这时候皮肤最需要的就是弹力，建议使用抗老化产品来保养皮肤。

# PART 3 永不休止的活火山，青春痘

青春痘要比满脸的油光还要烦人。高中毕业都已经多久了，怎么还在烦青春痘的事情？什么话！虽然过了思春期，青春痘的问题也应当跟着消失，但是也有不少的人，被从20岁左右开始不断冒出来的青春痘搞得烦透了心。青春痘，这个问题还真不能小觑呢～

## 这是从哪里冒出来的呀

青春痘生成的主要原因，也是跟皮脂有很大的关系。由于荷尔蒙的原因而涌出的皮脂，与角质、污染物质相溶合之后阻塞住毛孔，然后导致发炎而生成的面疱，就是青春痘。而思青期的时候青春痘长比较多的原因，主要是因为荷尔蒙的分泌过于旺盛所导致。而随着年龄的增长，这种现象也就会跟着逐渐消失。不过问题的重点在于，并不是每一个人都会如此。很令人同情地，因为青春痘而感到烦恼的人，很容易不断地被青春痘的问题所困扰。那么青春痘是不是跟遗传有关呢？No！原因出自于平常没有好好保养皮肤。

## 已经冒出来的青春痘该怎么办啊？

既然是因为没有好好保养皮肤而长出来的青春痘，那么就先来分析是哪一种类型好了。青春痘可分为非化脓性青春痘与化脓性青春痘，而它们都有各自的特征，而且也有不同的处理方式。

### 非化脓性青春痘（还没发炎的青春痘）

**轻轻按下去并不会感到疼痛，而且头部有一点黑黑的，就是非化脓性青春痘。亦即是还没发炎的青春痘。**

→先用热毛巾热敷，使毛孔扩张，然后用消过毒的棉花棒来压挤出来。等挤干净之后，再用含有油精成分的化妆水，在红肿的皮肤上面边消毒、边轻轻擦拭。如果挤压过的伤口有细菌感染，就会引发炎症，所以先消毒之后必须要进行舒缓皮肤的作业。这时候最好涂上有抗炎效果的产品（含有茶树油或是芦荟成分的产品）。为了收缩扩张的毛孔以及镇定受到刺激的皮肤，用冰

袋稍微冰敷一下也很好。

化脓性青春痘（发炎的青春痘）

**在青春痘里面最容易引发问题的，就是化脓性青春痘。轻轻按下去会感到疼痛、而且颜色已经变黄的，简单地说就是化脓性青春痘。**

→这种青春痘千万不要自己在家里挤。用手直接去挤绝对很危险，而就算用消过毒的棉花棒来压挤，其后续保养动作也会很麻烦。况且如果在挤压的时候被细菌感染，就会更加糟糕。这时候最明智的方法，就是去找皮肤科大夫。

### 可预防青春痘的皮肤保养方法

因为不可以让毛孔阻塞，所以要避免使用会塞住毛孔的化妆品。而由于含油成分的化妆品不容易洗净，所以要使用无油脂成分的产品。使用不致粉刺性产品（Non-comedogenic，含有不会诱发青春痘的成分）也是一个很好的办法。而且有空的时候一定要用去角质产品好好地去除角质，来确实做好皮肤保养的工作。在洗脸的时候也不可以太用力地搓揉。（当脸上长青春痘的时候，很多人为了想要清洗干净，而会不自觉地用力地搓洗。）在任何状况下，对皮肤造成刺激都是不好的。用无油的洗面奶挤出适当量（拇指的指甲大小，还记得吧？）之后，轻轻地抹在脸上，细心地把毛孔里面的老废物质清理干净之后，再用清水来洗净。不过绝对不可以为了对脸上的细菌进行消毒，而用酒精含量比较高的化妆水来擦拭！这不只会刺激皮肤，而且也有可能导致皮肤脱水。

## PART4 给别人邋遢的印象，排名No.1——黑头粉刺

才刚洗过脸之后，怀着清新的心情照镜子的我们经纪人大哥。“咦，这是什么？”鼻子的周围乌漆抹黑、又不太像是痣……该不会是跟指甲积污垢一般，连鼻头也会生垢吧？“这个，让人看起来好像脾气很坏呢。”平常个性温和、品性也很好的经纪人金某，一大早就开始感到烦恼了。大哥，那个就叫做黑头粉刺啦！

## 我明明很认真地洗脸，可是为什么！这到底为什么！

皮脂分泌旺盛的油性皮肤，油脂若没能全部排出到毛孔外面，就会在皮肤内部凝固。当这些油脂在皮肤内层凝固之后，皮肤的表面就会些微微地凸起，而这就是所谓的“面疱”。当面疱里面毛孔尚未完全阻塞，露在外面与空气接触之后变黑的油脂硬块，就是黑头粉刺。

黑头粉刺不只是有碍观瞻，而且如果就这么放任不管，就有可能在鼻子上面肿出一个大疱，或是长出青春痘。如果不想办法把它清除掉，硬块就会慢慢变大，而使油脂可以排出的毛孔也逐渐扩大，所以绝不可以放任不管。

## 唯有斩草除根，才能重见光明

如果因为看不顺眼，而自己动手去乱挤，很可能就会造成皮肤的损坏，使自己的鼻头变得像草莓一样，所以一定要沉着应付。这时候要用热毛巾热敷，先使毛孔扩张之后，再用棉花棒轻轻挤压。那么凝结在一起的白色油脂硬块，就可以很轻易地被挤出皮肤表皮之外。但并不表示挤出硬块，问题就已经完全解除。因为既然从皮肤里面挤出了黑头粉刺，那么就表示皮肤里面出现了同样大小的空间。那么谁又会去填补这个空间呢？是的，就是皮脂！其结果还是由皮脂填补上去。而另一个黑头粉刺的形成，就只是时间的问题了。所以不可以挤出来之后就算了，而是要持续地进行保养才行。

最常被用来除去黑头粉刺的方法，就是用“鼻膜”。鼻膜就是在鼻子上面先敷上一层胶质的膜片，利用膜片干了之后会与鼻子黏在一起的黏性，把膜片与塞在毛孔里面的黑头粉刺一起拔出来的原理。但其缺点是会造成对皮肤的刺激。如果不喜欢使用鼻膜这种刺激的方法，那就使用把皮脂的硬块溶化掉而取出来的产品。虽然使用一两次不容易看到效果，但如果持之以恒地耐着性子使用，那一定会还给你一个干净的鼻子。这类的产品有可以溶化皮脂进而去除油分的清洁按摩油，以及敷上去之后会发热而扩张毛孔进而可以轻松挤出黑头粉刺的热面膜。使用含有泥浆成分的面膜来敷脸，或是常用化妆水及乳霜来保湿皮肤，也有预防黑头粉刺增生的效果。

有一种说法是说：使用鼻膜之后毛孔会变大。那是因为刚取下鼻膜的时候，原来被阻塞的毛孔突然清空，而只不过毛孔瞬间变大而已。

## 使用后若不保养，毛孔会变更大

这可真的要注意！！如果清除掉黑头粉刺之后，就这么任意放置空掉的毛孔而不予理会，那么毛孔真的有可能会变更大。所以一定要记得再让毛孔缩回来。使用凉爽的化妆水或是冷敷，对收缩毛孔都非常有效。同时为了防止新的角质以及皮脂填补进来，洗脸的时候要记得特别注意保养。偶尔也应该用一些可减少皮脂分泌的面膜来进行保养。

## 比黑头粉刺更狠毒的家伙，白头粉刺

现在我们先来仔细地看一下镜子。有没有看到一些不像是黑头粉刺，却在皮肤的表面像是小米一般突出来的小白头？也不像是青春痘……它们的真实身份到底是什么呢？

它们就是所谓的“白头粉刺”。黑头粉刺是从敞开的毛孔里面突出来的面疱，而白头粉刺是毛孔阻塞的面疱。虽然从字面上看来感觉好像很柔弱，但是如果把躲在毛孔里面累积的油脂就这么放任不管，就可能引起发炎等症状，可见它是一个非常危险的狠角色。如果盲目地乱挤又很容易把皮肤撕裂，而且就算挤了也很难把它挤干净，光用想的就是会让人感到心烦的一群家伙。而这些已经成长出来的白头粉刺，并不是男人们可以轻易进行保养的领域。所以干脆就放宽心情，到皮肤诊所交给大夫去消灭吧。

皮脂的影响力，很惊人吧？在我的身边，也有很多因为皮脂的问题而感到困扰的朋友。
但其中最大的问题就是，他们也只是顾着烦恼，却不见为了解决问题而努力！
其实只要好好控制皮脂，很多头痛的问题也都会迎刃而解。

## 解决皮肤问题的产品，这个不错！

### { 仲基的选择 }

**雅男士系列（LAB SERIES）深层净化面膜（Purifying Clay Mask）01**

涂在油脂分泌旺盛的地方，等干掉之后冲洗干净，那么就可以跟脸上的油光暂时说再见喽～！这是让产品在干掉的过程中，把累积在毛孔里面的皮脂黏住之后，在洗掉干掉的产品的时候，顺便把皮脂一起洗掉。不过因为不会有扯下来的刺激，所以任何油脂分泌旺盛的部位，通通可以放心地使用。

**DR. YOUNG 毛孔隐形修饰霜（Pore Eraser Balm）02**

可以把毛孔遮住的含硅胶成分的面霜。涂上去之后感觉会在皮肤上面形成一层薄膜，而使皮肤变得光滑，同时减少皮脂的分泌。不想使用亮彩产品而想让肤色变好的时候，非常适合拿来使用。

### { 黄主编的选择 }

**柏瑞特医生（DR. BRANDT）黑头粉刺去除露（Pores No More Vacuum Cleaner）03**

BHA 果酸以及 AHA 果酸的成分，会有效地把皮脂及角质软化。而且里面含有抗炎效果卓越的野蔷薇果实萃取液，在使用后非常容易保养。如果一直被黑头粉刺所困扰，那么任何肤质都可以拿来使用。

**娇韵诗（CLARINS）毛孔美型精华液（Pore Minimizing Serum）04**

涂在皮肤上很快就会被吸收。虽然感觉不到皮肤会变湿润或是毛孔会收缩，但油脂确实会变少。担心油脂分泌过旺的油性皮肤如果拿来使用，就会达到预防粉刺的效果。

**自然乐园（NATURE REPUBLIC）白头粉刺根除液（White Head Clear Melting Source）05**

利用从水果以及植物萃取的果酸，把累积在毛孔里面的皮脂以及排泄物溶解的产品。先倒在化妆棉的上面，刚涂在油脂分泌较多部位的时候，会有一点刺刺的感觉。不过只需要花 15 分钟左右的时间，就可以感觉油脂被清除得很干净。使用该产品之后仍需要保养皮肤。

01 02 03 04 05

黄主编的修饰忠告（Grooming Advice）

# 必胜！针对阿兵哥的专门护肤咨询

Mission 2.

有一群比任何人都需要进行特别保养的人们。他们就是我们亲爱的阿兵哥！就算是脸上没有半点瑕疵的超级美肤男，只要进了部队之后就会变得像黑炭一样。而如果就这么耗到退伍之后再来保养，那可得要花上好长的一段时间才能复原,因此在服兵役的时候“想办法察言观色”来进行保养，这才是上上之策！

## PART 1 训练中心受训期间，要察言观色地保养

在这里首先要注意的是，看自己是被分发到哪里的新兵训练中心。因为新兵训练中心也有分前线还是后线。如果被分发到的是前线的训练中心，那就干脆把所有的保养产品先收起来吧，因为听说那些单位连乳液都不准使用。不过假如自己的皮肤有点问题，那就不要携带知名厂牌的产品，而把薇姿（VICHY）或是雅漾（AVENE）等，写着法文而看起来像是药品的产品（当然要挑选对皮肤有治疗功效的产品）先带在身上，然后硬说成是治疗皮肤病的药品而蒙混进去。如果夹带成功，那么在未来要受训的 5 个星期之内，就不用担心油水分泌的问题而可以安然地度过；而就算是夹带失败，反正受训结束之后还是会回来，根本不用担心会造成什么损失。假

设真的夹带失败，那也就只好用中心配给的洗面皂来好好洗脸了。就算是使用后会感到有些干燥，但总比老废物质塞在毛孔里面要来得好。

如果训练中心允许带护手霜，那么也可以把护手霜薄薄地涂在脸上。虽然油分含量高了一点，但只要洗脸的时候洗干净一点，那也就不会有什么问题。而每次洗过脸之后，也可以看起来像是故意要打起精神似地边拍打着脸,边让皮肤表面的水分晾干,这可是保养皮肤的好方法。因为这样做，可以把皮肤表面的水分往皮肤里面送。而洗脸的时候一定要记得要先把洗面皂的泡沫搓起来之后，冲洗的时候尽量不要让残留物留在脸上。事实上能在训练中心做的皮肤保养，也就只有这样而已。

## PART 2 依军阶等级做的护肤技巧

二等兵 [一]

### 可以向面膜挑战

等到下部队之后，重头戏才正式开始。反正二等兵就是照着上层的命令来办事就行了。先用单位配给的来洗，用学长留下来的来洗。等察言观色了一阵子之后，如果感觉皮肤有受损的状况，就写封信给女友或是妹妹，说："寄面膜来吧。"

而要求寄面膜来的时候，千万记得至少要按照内务班里面的全员人数来寄。以 1 片 1 千韩元来计算，20 个人顶多也才 2 万韩元而已。而如果有关照到内务班里的每一个人，那么很可能里面最资深的学长会说："今天我们内务班，就全员一起来敷个脸再睡吧！"地来下命令，那么既可以受到关爱，又可以难得来好好保养皮肤，可真的是一石二鸟之计。但如果没能掌握班内的氛围，则很可能会引发副作用而受到体能补强（！）的训练。不过根据过去的经验分析，寄来的小包里面如果附有隐含妹妹的真诚，或是女友的爱情的信件做伴，那大半都会一笑置之而放人一马。

但是如果就这么结束，2 万元花得未免太没价值了。记得在寄来的信里面偷偷藏起几片面膜，等洗完脸之后假装肚子痛而躲进厕所里面，敷它个 5 分钟也很值得。这么凄惨的皮肤保养方式，也就只有在当二等兵的时候才能享受得到。而且这种往事一定会深植脑海，当然如果偷偷敷脸而又被长官逮到，那也一定会让你回味很久……所以记得事后一定要把所有的证据消除干净，用过的垃圾一定要撕成“小块”随马桶冲掉！如果随便撕一撕之后把马桶塞住，那么我相信你将会经历一场永生难忘的回忆。如果你可以不必经历这么繁琐的步骤，而可以轻易地使用从家里寄来的面膜，那想必你的前生，一定是一位为国牺牲的大英雄。

如果身为区区二等兵，也可以随意地使用从外面以小包寄来的化妆品，那么真应该好好感谢能让你进这种部队的人们，然后按照前面章节所学的内容，努力地保养皮肤即可。如果情况允许，也可以按照本书里面指导的方法，来为部队里面的学长们进行保养。这样也可以使自己成为受欢迎的人物。

一等兵 [ 二 ]

## 尽量做到可以使用防晒霜的程度

现在该已经慢慢习惯部队的生活了，也可以趁着学长们不注意的时候，来偷偷地进一步进行皮肤保养了。躲在厕所里面敷脸的时间，也可以延长到 10 分钟了，从外面寄来的小包裹也不会有人检查，所以化妆品的供给也不成问题了。那么，现在也该开始使用防晒霜了。

军人很容易被别人当成欧吉桑的原因，最主要是因为黝黑的皮肤。受训的时候最常出操，而且跑腿的时候最容易被捉公差的，就是一等兵，相对地照到阳光的机会也是最多。问题是要一等兵照时间来涂防晒霜，似乎还得要看周边的脸色。那么用什么方法呢？那就是使用含有紫外线隔离成分的保湿乳液。市面上有许多的产品，是为了可以把防晒霜生活化的女性而生产的。如果可以，当然使用 SPF30 以上的产品比较好。但是如果没有把握可以清除得很干净，那使用 SPF15 左右的产品也就应该满足了。这虽然不是最好的选择，但总比什么都不涂要来得好。

上等兵［三］

## 洗面奶也可以用，去角质霜也可以用

在军中的生活也已经过了一年，现在已经到了考虑什么时候要保养哪里，而且要怎样来进行保养的时候了。毕竟现在是个可以随着外出的时间来挑选 SPF 指数，连天上飞的鸟也可以得下来的上等兵了。

当然，如果化妆品的种类太多，而且又分得太细，难免也会受到别人的嘲笑，但已经不需要太在乎别人的脸色，因此也可以随心所欲地接收寄来的小包裹了。而这时候最需要的，就是洗脸用的洗面剂，以及在经过激烈的户外活动，或是出完操之后可以去除角质的去角质剂。为了照顾一旦受到伤害就很难再恢复健康的头皮，也可以多准备一个护发霜或是护发膏。因为头发短，所以头皮就很容易受到紫外线的曝晒，相对地头皮也就会受到非常强烈的刺激。

如果不去踢足球或是打排球，那么上等兵可以保养皮肤的时间就会多出许多。这时候应该同时利用时间来进行有氧运动，以促进体内的新陈代谢。最后，到了就寝时间就该去睡觉。如果为了写信或是写小说而睡得太晚，那么好不容易保养皮肤而得到的营养成分，会很难发挥其应有的功效。

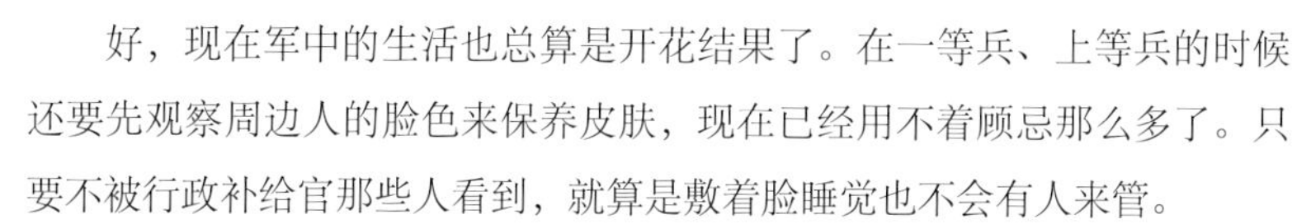

兵长［四］

## 嘘！在抹上会阻塞毛孔的伪装膏之前……

好，现在军中的生活也总算是开花结果了。在一等兵、上等兵的时候还要先观察周边人的脸色来保养皮肤，现在已经用不着顾忌那么多了。只要不被行政补给官那些人看到，就算是敷着脸睡觉也不会有人来管。

身为一个兵长可以做的事，就是在训练的过程中也可以进行保养皮肤。每一个军人都想避开的，就是伪装训练！在伪装的时候要涂在脸上的伪装膏，要比任何一种化妆品都要涂得厚，油分又很多，而且紧密度又强，所以一旦抹在脸上之后用一般的洗面奶根本就洗不掉。在好不容易保养好的皮肤上面一整天涂着像是鞋油一般的伪装膏，那么毛孔会被阻塞的几率可就是100%！不过也总不能因此而不涂伪装膏，所以我在此特别公布可以伪装成已经涂上了伪装膏的方法。如果部队允许用墨脂来涂脸当然是最好不过，只是因为太容易看出来，如果被干部看到了，一定会讲一些不中听的话,所以不建议采用。偶尔我也会看到用女朋友寄来的眼影来涂抹的军人，但是卸妆的时候又很不容易用洗面奶洗掉，所以我也并不赞同。

最好的伪装方法就是用无油成分以及不致粉刺的水乳霜一次搞定。先在脸上涂一层水乳霜之后，在水乳霜还没完全被皮肤吸收之前，把伪装膏用手掌的体温融化，然后再涂在上面。那么涂在由水乳霜形成的保护膜外层的伪装膏，不只是在卸妆的时候很容易被卸掉，而且伪装膏又能防止水乳霜的蒸发，而可以使皮肤持续地保持在湿润的状态。现在只担心一件事情就行了，可千万别让干部发现。

## PART 3 不被别人看出曾经在部队踢过足球

如果把踢足球的时间计算成大约是2个小时，那么就应该在开始踢足球的前30分钟，涂上足以为傲的高指数防晒霜。而且最好是可以“湿淋淋”地涂满全身，而且防晒指数要到达SPF50／PA＋＋＋的程度，才可以放心地踢个痛快。而设定30分钟的原因，是为了可以让防晒霜有足够的时间渗透到皮肤里面，进而能在安稳的状态下保护皮肤。

而这时要注意的是，踢完足球之后要使用与平常不一样的洗面剂来清洗干净。因为指数高的防晒霜，就像是化了彩妆一样，其厚度也有足以让毛孔阻塞的危险（而且还是湿淋淋地涂满全身），所以必须要使用效果好的洗面剂来好好洗脸。但是如果身边没有较好的洗面奶，那也就只好改用防晒指数较低的防晒霜来用了。像踢足球一样长时间地待在户外活动之后，如果可以，最好能为了皮肤的保湿效果来敷个脸。因为把流失的水分直接补满，这才是最好的办法。

补充皮肤的水分，没有比敷脸还要更好的方法。具有保湿效果的睡眠用面膜，在出操的时候最为有用。夏天的时候可以补充因流汗而失去的水分，而冬天的时候可以形成保护膜而不容易被冷风吹得红肿又龟裂。而且很容易用水冲洗，所以也不用担心会有毛孔塞住的问题发生。不过明明知道好用，但如果目前自己的身份还是二等兵，那该怎么办呢？那就只好多喝点水喽，每天要喝足 2 公升喔。

## PART4 利用休假的时候做的皮肤再生术

我开始上班 3 年以来第一次取得的休假，也比不上当兵 100 天之后得到的休假。相较起来，这期间虽然连十分之一都不到，但是当兵的时候真的是非常渴望能够取得休假（甚至于还会有想要跟我女朋友换休假的念头）。这些休假的时间短则 4 天，长则 15 天。而在这些期间之内能对皮肤进行哪些保养呢？哪些又是应该优先进行保养的呢？

如果心里的期待很大，那我就先说声抱歉了，因为我没有别的建言，只是奉劝不要暴饮暴食就好了。因为化妆品再怎么好，也不可能用了一次之后就立刻产生显著的效果。所以就先好好睡个觉，可千万不要把部队里面养成的规律生活时钟打乱了。顺便补充说明一下，如果在部队里面真的没有空余的时间，那就尽量来补充水分；而如果还算有些时间，那么表示在部队里面也可以进行保养，所以就照着平常的生活作息来进行就行了。

如果资金宽裕，去做个 SPA 或是按摩来为皮肤补充营养也是个不错的选择，但是如果只是做了一次就马上回部队，那我倒不鼓励如此。而这时候应该多利用时间，把之前打电话或是写信要求别人寄来的化妆品，亲自去采买、补充完备，这才是当务之急。

前几天我当兵的哥哥休完假回部队之后，我的眼霜就突然不见了。犯人到底会是谁呢？

## PART 5 庆祝！为了纪念与爱人会面而进行特别保养

虽然说现在当兵已经方便了许多，但是也不可能就因为恋人要来会面，就有部队允许阿兵哥去做特别保养。当然啦，如果是兵长那又另当别论（问题是当了兵长也就不需要安排会面了。）

所以方法只有一个，事先把可以进行特别保养的物品先准备好。虽然不可能光靠一次的敷脸就能带来明显的变化，但的确会比不敷脸要好。最起码不用听到爱人说自己的皮肤变憔悴了吧。为了如此，在会面的前一天，先用去角质剂把这一段期间之内累积的角质好好清理干净之后，与其使用可以补充水分或是增加弹力的面膜，我建议使用具有美白效果的面膜来敷个脸。因为多少也能感觉肤色会变得白皙一点。

在这里还有一点要注意，那就是想办法要把身上的欧吉桑味道去除掉。在部队里面待久了的军人是闻不太出来，但是在内务班里面绝对会产生欧吉桑的味道。这不是光靠洗一洗就能解决的问题，随着男人年龄的增加，我们的体内也会分泌一种叫做不饱和醛（Noneal）的物质，而会产生刺鼻的加龄臭。由此可以想象，一群男人们聚在一起生活的内务室里，味道到底有多臭。这时候比起在战斗服上喷洒香水，还不如干脆用除臭剂来驱除味道会比较实在。

“女朋友长途跋涉地来看我，久没相见，就算我不打扮应该也觉得我够帅了吧？”可千万不要这么想。就因为是长途跋涉地来见面，如果觉得不够帅，那么下次休假的时候见不到面的几率可是会大增呢。

在内文里面提到的军中皮肤保养方法，有些可能会违反军中的法规。而允许的范围也会因为部队的不同而有所不同，以及依部队长官的权限来决定是否会被允许。而为了增加文章的趣味性，在撰写内文的时候稍微夸张了一点。不过在此特别声明，我可是在江原道的铁原服完兵役，而且也完成点召训练的优良后备军人，所以绝对没有藐视军方的意图，敬请明鉴～忠诚！

## 这些产品，最适合阿兵哥用！

**雅漾（AVENE）深层UV防晒乳（Hydrance UV Riche）01**

是为了干燥的皮肤生产的不致粉刺性水乳霜。由于产品说明全都是用法文来注记的，所以很适合辩称是“药品”。

**AVEENO 修护护手霜（Intense Relief Hand Cream）02**

如果没有乳液，就用来薄薄地涂在脸上吧。

**ETUDE HOUSE 亲密男人控油面膜（Love Homme Sebum Control Mask）03**

效果又好，价格又便宜，可用来跟内务班上的学长们一起享用～。

**SKEEN ＋去角质霜（Dermopeeling Exfoliant）04**

出完操之后就用它来把老化的角质清干净吧！

**肯梦（AVEDA）矿质光采磨砂洗面奶（Tourmaline Charged Exfoliating Cleanser）05**

是具有去除角质功能的洗面奶，由于刺激性低，可以每天使用。

**薇姿（VICHY）优效防护隔离乳（UV-Active Daily Protective）06**

是非常容易被皮肤吸收的液状防晒霜。

**娇韵诗男士系列（CLARINS MEN）UV 清爽防晒露（UV Protection）SPF40 ／ PA＋＋＋ 07**

如果要踢足球，那最起码要用到这个程度。

**薇姿男士系列（VICHY HOMME）得康斯森发能量喷雾水（Dercos Aminexil Energy Spray）08**

来好好安抚一下被紫外线曝晒的头皮吧，它又具有预防脱毛的效果，所以更加要具备。

**芭比波朗（BOBBI BROWN）沁透净妆油（Cleansing Oil）09**

由于它的洗净效果卓越，当使用了防晒霜之类的产品之后，可用它来清洗。触感也很棒！

**雅漾（AVENE）修护保湿霜（Crème Pour Peaux Intolerants）10**

适合在涂抹伪装膏之前使用的产品。由于它也有对晒伤或是及受到刺激的皮肤具有舒缓的功效，所以平时拿来使用也很好！

**薇姿（VICHY）温泉舒缓喷雾（Eau Thermale）11**

用温泉水制成的保湿喷雾水。当出操之后皮肤受到刺激的时候来喷一下。

**美体小铺（THE BODY SHOP）柠檬草除味足部喷雾水（Lemongrass Deodorising Foot Spray）12**

为了呵护一整天闷在鞋子里的双脚，不只是可以恢复双脚的疲劳，连味道也可以一并消除！

01 02 03 04 05 06

07 08 09 10 11 12

仲基的会诊报告（Clinic Report）

# 如果光靠化妆品
# 而找不到答案，
# 那么走吧，我们去看皮肤科！

我每个星期固定会去一次皮肤诊所，来接受这个星期以来的皮肤咨询，以及针对各种的皮肤问题进行治疗与保湿保养。因此我特别采访了为我进行皮肤保养的 Ye 皮肤科的郑安珍主任以及 Ye 整形外科的裴元培主任，来询问了一些一般男人们常常感到好奇的皮肤治疗措施及相关事项。

仲基正在接受的保养措施

★

**仲基** 你好，院长～每个星期都要来见你一次，没想到在这种情况下来拜访你，感觉还真的很新鲜呢。我今天来是想要就一般男人会对感到好奇的皮肤保养措施来请教你。首先，你是否可以告诉大家我平常都在进行一些什么样的皮肤保养措施。相信有很多人会非常好奇。

**Dr.Ye** 仲基先生的皮肤除了稍微有点干燥之外，并没有什么太大的问题。但是因为工作的原因，需要常常暴露在紫外线下面，而且又要涂上浓厚的戏妆，所以皮肤有可能因为受到这些刺激而加速老化。所以现在正在进行皮肤保湿的治疗措施。而其中最主要的就是皮肤脱屑治疗。

**仲基** 我每次来也就只是照着你的指示来行动，并没有认真去了解内容……请问皮肤脱屑治疗是什么呢？

**Dr.Ye** 就是把已经死掉的角质去除掉，使皮肤变得更为干净。同时也会诱导新的细胞进行分裂，进而使皮肤变得更为透明、柔嫩。

**仲基** 啊哈，那就是一般在皮肤科里面进行的去角质措施之类的喽?

**Dr. Ye** 大致上是如此，只不过要比在家里做的去角质措施细密一些。我们会利用超音波或是 AHA 等化学药品来进行，而且有必要的时候会利用钻石头或是水晶粉等的物理性刺激，来把皮肤里面的老废物质以及角质清除掉。

**仲基** 原来因为这样，才会让睡眠严重不足的我，依然能够维持在皮肤柔嫩的状态。^ ^ 另外还有其他的吗？

**Dr. Ye** 在经过皮肤脱屑治疗，把死掉的细胞清理干净之后，我会投入一些干细胞以及维他命，来促进皮肤的再生能力以及加强保湿效果。当发现有黑眼圈跑出来而且感觉皮肤很疲倦的时候，我就用静脉注射把强力维他命注入进去。强力维他命的注射剂里面，含有高容量的维他命 B、C 以及镁，所以有抗酸化、抗老化的效果，也可以恢复身体的疲劳。

**仲基** 周期性地做这种治疗好吗?

**Dr. Ye** 像是皮肤脱屑治疗以及投入维他命的皮肤保湿保养，基本上一个星期做一次会比较好。就算是先天性皮肤条件好的人，等年纪大了之后因为皮肤细胞里面的水分减少，使维持皮肤的细胞萎缩，因此皮肤就会变得干燥而且又会失去弹性。所以必须要持续地进行保养才行。

### 最近的男人，大多接受这种治疗措施

★★

**仲基** 听说最近有很多男人，也都为了保养皮肤而到医院。那么这些男人大部分都接受什么样的治疗措施呢？可以为有兴趣的男人们说明一下，并告诉大家治疗的费用是多少。

**Dr. Ye** 这会因为年龄层的不同而有所区别。皮脂分泌比较旺盛的 10 ～ 20 岁年龄层，大多都是因为青春痘之类的皮肤问题而来就诊。这时候就会以皮肤脱屑治疗为主,来进行青春痘的治疗。皮肤脱屑治疗约为 10 万韩元(约合人民币 540 元)，而青春痘剥皮治疗术，大约也在 10 万韩元上下。

**仲基** 普遍在正式踏入社会生活之后，才会开始在乎皮肤保养的问题吧?

**Dr. Ye** 再怎么说，这也是比较在乎自己外表的时期。社交活动比较活跃的 20 后半～ 30 的年龄层，大多是为了改善粗厚的皮肤、因保养不当而扩大的毛孔，以及修补因青春痘而造成的伤疤，而跑来接受治疗。这时候我大半都会为他们进行“飞梭镭射治疗”。这种镭射使皮肤可以再生，而

引诱胶原蛋白来填补受损皮肤周围的一种治疗方式，费用大约是 50 万韩元左右（约合人民币 2700 元）。而我们也会进行利用自己血液内的成长因子，来提升自己皮肤再生能力的“自体血浆皮肤再生术”，这一项手术的费用大约是在 70 万韩元左右（约合人民币 3800 元）。

**仲基** 那么 40 岁以上的人，最常接受抗老化的治疗喽。

**Dr. Ye** 仲基先生果然厉害！ 40 岁以上的人，会因为老人斑、疤痕、疣之类的皮肤色素性病变，以及皮肤干燥感、皮肤弹力降低等的问题而感到烦恼。所以我就会为他们进行以保湿为主的抗老化治疗，或是以可以除去老人斑的美白治疗为主。我怕我讲得太复杂，所以就简单来说好了。以保湿为主的抗老化治疗，大约是 15 万韩元（约合人民币 800 元）；美白治疗是从 20 万韩元（约合人民币 1100 元）开始起跳；而皮肤弹力治疗是在 40 ～ 70 万韩元（约合人民币 2200 元～人民币 3800 元）之间。当然正确的费用，会因为每一位患者本人的皮肤类型、治疗程度以及范围而会有所不同。

在结婚或是面试的场合，可以容光焕发的方法是?

★★★

**仲基** 在面临结婚或是面试等的重大场合时，可以做的保养措施有哪些呢?

**Dr. Ye** 那跟还剩下多久的时间有很大的关系。如果剩下 2 星期左右的时间，那就建议做“PRP”手术。它可以全面改善脸上的气色，而且也有高保湿以及毛孔改善的效果。不过在接受手术之后，脸皮会有 3 ～ 5 天变红肿的情形发生，所以时间一定要充裕。如果只剩下 1 星期左右的时间，那就建议“净肤镭射手术”。它拥有可以使皮肤的弹力增加，缓和色素，进而改善整体脸孔气色的效果。手术后没有结痂或是出现红斑的问题，也是该手术的优点。

**仲基** 费用呢?

**Dr. Ye** 对了，这可是很重要的呢！ PRP 每次的费用是在 70 万韩元（约合人民币 3800 元），净肤镭射手术的费用是 15 万韩元（约合人民币 800 元）。

**仲基** 没有更快可以见效的手术措施吗?

**Dr. Ye** 如果想要在 1 个星期之内见效，那么建议刚开始的时候说明过的皮肤脱屑治疗。可以还原一个柔嫩又洁净的皮肤，而且如果皮肤本身有问题，也可以达到舒缓的效果。如果使用干细胞，或是 EGF 来治疗，费用大约是 15 万韩元（约合人民币 800 元）；如果使用维他命来治疗，费用就是 10 万韩元上下（约合人民币 540 元）。

### 伤痕、毛孔疤痕、青春痘以及肉毒杆菌

★★★★

**仲基** 在我的脸颊上有个小小的伤痕，如果要把伤痕消除掉，有什么好办法呢？

**Dr.Ye** 仲基先生脸上的伤痕太小了，所以很不容易发现……不过每次看到都会让我感到非常惋惜。其实严格来说伤痕是不可能消除掉的，而是说缓和会比较恰当。所以在医学上并不会说“伤疤消除术”，而只会说“伤疤缩小术”。为了使伤疤缩小，可使用镭射的方式，或是动手术的方式。伤疤过大而且看起来很明显，那就应该动手术而使伤疤变小。但是像仲基先生这么小的伤痕，则比较适合用镭射的方式。用我刚才提到的飞梭镭射治疗或是自体血浆皮肤再生术，来让皮肤再生就行了。不过在动过手术的部位，有可能会出现 5 ～ 7 天的淤血现象。而我们常常说的“橘皮脸皮肤”，也可以动这种手术来使皮肤变得光滑。但是光靠一次手术是不够的，一定要动上几次手术之后才能见效。

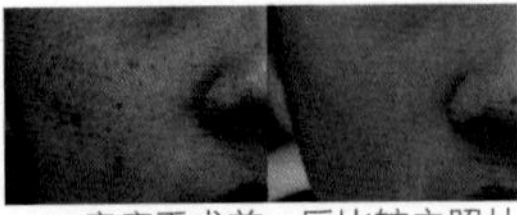
疤痕手术前、后比较之照片

**仲基** 可以治疗青春痘的手术有哪些呢？

**Dr.Ye** 除了有可以不让周边的皮肤受到损伤而挤出青春痘的手术之外，也有可以把皮脂溶出皮肤表面的剥皮治疗术，可以整顿角质的皮肤脱屑治疗术，可以缓和发炎现象的光线治疗术。如果脸上青春痘的症状比较严重，那就要先用可清除青春痘菌的“PDT 治疗术”，快点把炎症消除之后，再来控制皮脂的分泌。而治疗的费用也会因为青春痘的状况，而会有所不同。

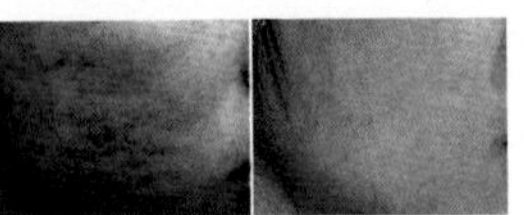
青春痘治疗前、后比较之照片

**仲基** 最近也有很多男人注射肉毒杆菌吧？

**Dr.Ye** 那当然啦。注射肉毒杆菌是一项既简单又可以发挥强大效果的手术措施。它不只是可以消除皱纹，而且也可以增加皮肤的弹性。

**仲基** 听说也有很多年轻人来注射肉毒杆菌呢？

Dr.Ye 因为表情的习惯而在眉间以及额头形成的皱纹，注射肉毒杆菌可以发挥良好的效果。而皱纹展开之后，就会感觉年轻许多。注射肉毒杆菌还可以让下巴出现V字效果,所以广受大家的喜爱。最近流行的“BB肉毒杆菌”，可以全面改善皮肤的弹性，而且也有拉提效果。注射一般肉毒杆菌的费用为，额头、眉间以及眼睛的周围各40万韩元上下（约合人民币2200元），而下巴是70万韩元（约合人民币3800元）上下；而注射BB肉毒杆菌的费用则是在100万韩元左右（约合人民币5400元）。

**仲基** **听说一旦开始注射肉毒杆菌，就要一直打下去？**

Dr.Ye 肉毒杆菌的效果可以持续6个月左右，所以如果想要继续维持效果，那当然就要继续使用。但是就算不再使用，也不会有皱纹一下子突然增多或恶化的情形。

**仲基** **不会有什么副作用吗？**

Dr.Ye 如果是找专门的医师注射，当然就不会产生严重的副作用。而就算刚注射之后脸部有点陌生的感觉，但是过了3个月左右之后也就会没事了。

好像去皮肤科都会被敲竹杠……

★★★★★

**仲基** **我听周边人士的反应，其实也有很多男人想要到皮肤科进行皮肤保养。但是因为他们完全搞不清楚状况，所以都是照着医院的指示来行动。不过这种情形会让他们感觉好像是被敲竹杠而心里很不踏实，所以去医院之前都会非常犹豫。**

Dr.Ye 站在皮肤科医生的立场，听到患者有这种反应还真让我有点悲哀呢。我想唯一可以解决的办法，就是遇到一位不会敲竹杠的医生吧。就算是先在家里做了功课，但也比不上在这个领域里面奋斗了十多年的医生，所以也只能祈祷碰到一位好医生，然后充分信任地交给他治疗。不过事先了解一下各种症状应该要怎么治疗之后，再跟医生好好商讨自己的状况，的确也是很好的方法。还有……我们并不是那么坏的人啦。

**仲基** **今天真的很谢谢你。为了要把那么难懂的医学常识简单地说给我听，相信你也费了不少工夫。**

Dr.Ye 没有啦，我只是希望能借此机会，来降低男人们愿意走进皮肤科诊所的门槛。

PROJECT 6.
Body Care

# 真正的美肤男，会从身体开始保养

光练出一身的肌肉，并不代表是在保养身体。要照顾好自己的全部身体并且能维持健康，才是真正保养身体的真谛。

跟宋仲基一起变帅起来吧（Let's be handsome）

# 真正男人的嘴唇，向来都是湿润的

还记得在 MBC 电视连续剧《三周跳》里面，我扮演的“风宇”与闵孝琳扮演的“夏璐”接吻的那个场景吗? 当时可是让媒体炒了好一阵子的话题呢。

为了成为一个花式溜冰选手而从乡下来到首尔的夏璐，以及深爱着夏璐的风宇。有一天，因为夏璐的一句“哥哥～”而深受感动的风宇，忍不住内心的冲动而强吻了过去，而且还把夏璐整个人给抱了起来！（曾经也演出过《咖啡王子一号店》的李允贞导演，非常喜欢男人把女人抱起来接吻的场景。所以在《咖啡王子一号店》的场景里面，也有安排让孔侑大哥把尹恩惠大姐抱起来接吻的类似画面！）

而就在那一场吻戏播放出来的当天，我收到了朋友发给我的一条短信：“仲基呀～好羡慕你喔！！”

当时很多人都称赞我说：那真是一场感觉有点顽皮又很青涩，还有一些美丽的吻戏。不过我可是徒留下了好多遗憾。是不是因为没ＮＧ而多来几次? 才不是，是因为我用屏幕看片的时候，发现我那干涩的嘴唇比整个接吻的画面还要突显。如果当时我的嘴唇能散发更为健康的光彩，那么应该更能显现出风宇那一股无邪又纯真的感情。

那一天，其实我的状况并不是很好。当时因为我的通告重叠，身体正处于非常疲劳的状态。而且因为户外的空气极度干燥，我的嘴唇就出现了一点龟裂的情形。眼看马上就要进入吻戏，偏偏要演吻戏非常重要的嘴唇又处于干裂的状态……情急之下，我就用口水舔了舔嘴唇，这下子可是雪

MBC 电视连续剧《三周跳》拍摄现场。

上加霜，就连角质也跑出来了！

一个即将拍摄吻戏的演员，嘴唇竟然如此粗糙。面对眼前的孝琳，我可真是又羞愧又抱歉。而自从那件事情以后，我就开始把护唇膏带在身上，以便随时可以滋润我的嘴唇。

说实在的，类似嘴唇粗糙的这些小细节，电视机前面的观众是看不出来的。观众虽然不会去在乎这些小细节，但对演员来说这都是非常重要的地方。因为演员并不单单只靠台词跟表情来演戏，还要动员指尖、眉毛、鼻尖、手肘……等等身体的每一个地方，才能把自己扮演的角色演好。所以细心地把身体每一个地方妥善保养，是非常重要的一件事情。

其实这也不完全是针对演员而已，因为就算看到一个人的脸孔或是整体的外貌而产生了好感，也有可能因为看到一些不堪入目的小细节而大失所望。试想一位拥有牛奶般柔嫩皮肤的男子，把手伸出来而发现手背上面积着一层黑色的污垢？或是拥有一身结实性感肌肉的男子，把手举起来而发现手肘上面有着一层白色的角质？秀出一双长长的腿而炫耀的男子，却又透过鞋子有一股奇异的臭味飘过来？那么，跟这些男子见过面之后，在人们的脑海里面会留下什么样的印象呢？

很多男人一听到要“保养身体”，就会直接联想到要勤练肌肉。但是我却认为要把身体的每一个地方都清理干净，然后健康地维护身体才是真正的保养身体。所以啦，各位男人，我们现在就开始好好地保养身体吧。把自己塑造成一个懂得注意身体每一个细节的男人，而肌肉跟造型留在下次再说。

仲基的魅力忠告（Charming Advice）

# 可以被别人爱上的男人资格

Mission 1.

男人开始注重打扮的最大理由，我想应该就是为了想要讨自己心爱的女人欢心吧。一位懂得认真保养手、脚、后背、嘴唇……等的男人，充分具有被别人爱上的资格。那么你又如何呢？先来好好检视一下自己的身体，看看是否真有资格被别人爱上？该不会是放任自己的身体于不顾，而等看到心爱的她用冷漠的眼神看着自己之后，心里大表不解地在一旁喃喃自语吧？

## PART 1 塑造一对可以招吻的嘴唇

面对初吻的瞬间，没有一个男人的嘴唇是不发干的。话说回来，应该不只是初吻的时候才会如此。终于要跟自己心仪的对象约会、商场上的会面、参加选拔赛等，会让男人嘴唇发干的瞬间，可真的是无以记数。而这时任何人都会立即使用的紧急应变措施，就是抿嘴。不过这种举动，是绝对不可取的。就因为涂抹口水的刹那，嘴唇干燥的现象会立即消失，所以很多人都会习惯性地去舔嘴唇。但问题是这种解决措施，根本就很难维持许久。

## 嘴唇会粗糙是有原因的

嘴唇干燥时不断舔嘴唇，只会让嘴唇变得更干燥。这就跟洗过脸之后，如果不马上把脸上的水汽擦掉，皮肤就会变得更干燥一样。涂抹在嘴唇上的口水蒸发的同时，也会顺便把留在嘴唇上的水分一并带走。而嘴唇的温度愈高，口水干掉的速度也就愈快。知道我为什么会这么说吧？人只要一紧张，体温就会升高，而新陈代谢的速度也会跟着加快之后，体内的水分就会不足，这也就会导致嘴唇变得更干燥。而如果这时候又不断舔嘴唇？那么嘴唇就会变得更干燥了。更严重的是，角质也就会跟着出现。干燥与角质的关系本来就密不可分，所以会引发这种现象也就不足为奇了。女人似乎不太会这样，为什么偏偏男人的嘴唇就常常出现角质呢？事实上男人与女人的嘴唇并没有什么大不同，只不过女人会常常用口红、唇彩以及润唇膏来涂在嘴唇上，使嘴唇不那么容易干燥而已。基本上，嘴唇跟其他皮肤的构造不一样，是由一种黏膜组织来形成，而没有皮脂腺与汗腺。也就是说，它并没有天然的保护膜。这也就是嘴唇为什么那么容易干燥的原因。所以在这里要特别注意的，仍然还是保湿！！

## 别考虑太多，先涂了再说！

嘴唇跟季节无关，一年 365 天都很干燥。所以为了不让嘴唇那么干燥，一定要涂上一层保护剂。由于嘴唇保护剂出厂的目的，就是为了要保护嘴唇维持湿度，所以不会因为其形态与容器不一样，保湿效果有优劣之分。所以在选购产品的时候，只要挑选涂在嘴唇上的质感与香味，适合自己的就行了。

愈干燥的时候，就应该使用油分含量愈高的产品。
不过更重要的是，不管是什么样的产品，一定要先开始涂。

### 依类形与油分含量做区分

润唇膏（Lip Balm）

油分的含有量最高。保湿效果固然不错，但光泽的强度也最强。最常被拿来使用的产品有蜜蜡（Beeswax）、葵花油、乳油木果油等。

润唇霜（Lip Cream）

油分的含有量居中。如果觉得润唇膏的光泽会造成负担，那么建议使用这类产品。

护唇精华（Lip Essence）

油分的含有量最少。也最不会感觉有东西涂抹在嘴唇上。

### 依容器的形态做区分

条状的（Stick Type）

是男人们最常使用的类型。只要转动圆管，把产品推出来之后抹在嘴唇上就行了。不过有些产品的形态比较硬而不容易涂抹在嘴唇上，要特别注意。

管状的（Tube Type）

是质料最柔软的一种护唇产品。虽然很容易涂抹在嘴唇上，但最大的问题是很难控制它的使用量。如果直接挤在嘴唇上使用，有可能一下子挤太多而浪费掉。因此建议先小心地挤到手指上，然后再用手指轻轻地涂拭在嘴唇上。

罐状的（Jar Type）

是放在瓶罐里面的产品。用粉刷或是手指挖出来使用。不过如果要用手指使用，记得一定要先洗过手之后再涂抹在嘴唇上。就连吃饭之前都要把手洗干净，直接用手触碰嘴唇那就更应该要洗手呢！

## 拜托别再涂抹口水了

再强调一次，嘴唇上面出现角质的时候绝对禁止把口水抿在嘴唇上。因为当嘴唇上面的口水蒸发掉的时候，会顺便把嘴唇上面还残存的那一点水分，一并全部带走。所以千万要记得，马上就会蒸发掉的口水，并不能形成保护膜来帮助嘴唇保湿。那么嘴唇上面出现的角质，要用手来直接把它拔下来吗？ No ～这怎么行。这时候最好的方式，就是直接涂上足够的润唇膏，把角质舒缓下来就行了。

## 嘴唇也要隔离紫外线

在购买护唇产品的时候，建议尽可能去买有隔离紫外线成分的产品。因为嘴唇既没有皮脂腺，也没有黑素细胞（可以制造黑色素的细胞），所以根本没办法自体制造保护膜来隔离紫外线。也就是因为如此，最近市面上才会出现有隔离紫外线成分的护唇产品。请记住，这可不是化妆品公司为了多卖两个钱，而把 SPF 系数秀在产品上面的!

### 护唇产品，这个不错!

{ 仲基的选择 }

**契尔氏（KIEHL'S）1 号护唇膏（Lip Balm #1）01**

虽然光泽比较亮一点，但不会有黏稠的感觉。在干燥的嘴唇上面只要涂上一点，就可以立刻产生把角质舒缓下来的效果。由于它是可以挤压的管状产品，所以用起来非常经济实惠。

**BURT'S BEES 罐装蜂蜡护唇膏（Beeswax Lip Balm Tin）02**

由于不会感到黏黏的，所以涂上去也不会很难过。由于产品里面含有薄荷的成分，所以涂在嘴唇上面之后会有凉凉的效果。

{ 黄主编的选择 }

**AVEENO 嘴唇保湿调节膏（Essential Moisture Lip Conditioner）SPF15 03**

没有光泽，却又能让嘴唇保湿。外形设计也很理想，价格也非常经济。

**BEPANTHOL 润唇霜（Lip Cream）04**

可以补给水分以及改善发炎现象。能使皮肤再生，而使嘴唇变得更健康。

**FRESH 黄糖润唇膏（Sugar Lip Treatment）SPF15 05**

由于是可以转动圆管而伸缩的产品，非常方便放在包包里面携带。清爽的味道以及简单的造型，对男人也非常具有魅力。虽然价格贵了一点，但是就连美容编辑也会一再去购买，可见该产品的效果非常好。

01 02 03 04 05

# PART 2 用自己温柔的双手，紧紧握住她的小手

如果在念初中与高中的时候有打过一点点的篮球，如果当兵的时有用过一点点的铁铲，如果出了社会之后有敲过一点点的键盘，如果你仍在抽那一丝丝的香烟，那么你的手，绝对要比你的脸来得老一些。就只是单纯地计算我们的手紧握住又放开的次数，假设可以活到70岁，大概也会有两千五百万次。那么，要比女人多做一些粗重工作的男人的手，做的运动分明比上面的数字还要多出许多。唉，我现在似乎可以听到我们的双手，因为慢性疲劳与压力而发出来的叹息声。我们宝贵的双手，正在受到如此的虐待，而又有多少男人真正地在保养他的双手呢?

并不是只有妈妈或是太太的手才最哀怨，我们男人的手也很哀怨呢。呜呜～

## 清洗，永远都是最基本的

要保养的最基本动作，仍然是要清洗干净。如果有可能的话，手最好也是用洗手专用的清洁剂来洗。但现实生活上，这似乎又不太容易做到。因为相较于洗脸，洗手的次数太过于频繁，如果用昂贵的清洁剂来洗手，那么未免又会耗损太多的金钱～所以先别去想清洁剂，只要能洗得干净就行了。而如果要使用香皂，那跟洗脸的时候一样，最好是使用中性，或是弱酸性的香皂。

在用过香皂之后，要记得用清水把香皂冲一下，然后放在可以滤水的架子上面晾干。这是为了防止细菌滋生。

## 用护手霜来塑造一双好看的手

洗过手之后的顺序仍然是保湿！所谓：皮肤的年龄，会从手开始老化。如果担心手部的皱纹会增加，那可要记得随时涂上护手霜。如果脸孔保养得柔柔亮亮，而双手却是满布皱纹，啊～这又是一幕很尴尬的场面。

洗脸一天也顶多 3～4 次，但是手却不一样。上过洗手间之后、在用餐之前、沾到东西的时候……随便算一算也有 6～7 次。也就是说，手比脸更容易处于干燥的环境之中。所以我们必须要更加注重双手的保湿才行。

“男人的手，就算粗糙一点又有什么关系？”或许有人会这么说。但是很遗憾的，这只是“手已经粗糙的男人们”单方面的想法而已。试想处于非常有氛围的环境中，浪漫地握向了女朋友的手，但自己粗糙的角质却刮到了她的手，那会造成什么样的后果呢？好不容易制造的浪漫场景，当场会裂出一条痕来。可千万不要忘记，女人向来希望能握住自己的双手，是既温柔又多情的。再加上女人们都认为，如果脸蛋长得好，那么双手必然也会美。但是，实际上手“长得不错”的男人又有多少呢。所以就算是为了心爱的她，也多费一点心思来好好保养自己的双手吧。如果真正觉得很烦，那就只好自己看着办啰！

## 不是涂保湿乳液，而是涂护手霜

也有许多人，喜欢把涂过脸之后多余的保湿乳液涂在手上。但是为了维持有效的保湿效果，要尽可能地用护手霜来保养自己的双手。因为把要涂在脸上的产品，用来保养不会分泌油脂的双手，油分绝对会严重地不足。由于护手霜是针对手有特别加强保湿的效果以及持续的功能，所以要比脸上用的产品更具有强烈的保湿效果。护手霜可不是随随便便就冒出来的呢～

虽然护手霜也会随着油分的多寡而有很多种产品，但不会用特别的外观模样来做区别。所以只要观察一下里面含有的成分，亲自试用一下黏稠的程度、产品的香味以及保湿的持久效果就可以了。如果双手粗糙得比较严重，那就可以试试护手油，它是比护手霜的油分要多出一些的产品。而如果就连一点点的黏稠感都受不了，那就可以改用护手乳液。

不需要因为怕别人的闲言闲语，就觉得涂护手霜是件很丢脸的事。因为嘲笑自己的那些人，并不会跑来帮忙保养我们的双手。有一天如果我们的双手干到裂开，那吃苦的还是我们自己。而且，也没必要那么在乎别人的眼光过日子吧？

## 护手霜，这个不错！

{ 仲基的选择 }

欧舒丹（L'OCCITANE）乳油木护手霜（Shea Butter Hand Cream）01

产品里面含有20%的乳油木成分，来供给因为干燥而受到损伤的皮肤水分及营养。由于用起来不会感觉很黏，而且香味也很宜人，所以深受所有男女消费者的喜爱。是我的袋子里面一定会有的产品。

AVEENO 修护护手霜（Intense Relief Hand Cream）02

保湿感可以持续很久的产品。由于没有添加任何人工香水，产品会有淡淡的燕麦香。

{ 黄主编的选择 }

伊丽莎白雅顿（ELIZABETH ARDEN）8 小时润泽护手霜（Eight Hour Cream Intensive Moisturizing Hand Treatment）03

不会感到黏稠的乳霜凝胶结构产品。散发着玫瑰、熏衣草及酸橙的香味，会让人立刻爱上它。

BURT'S BEES 乳油木果油手部修护霜（Shea Butter Hand Repair Cream）04

适合羞于把粗糙的手拿出来见人的人士使用。可以防止手的干燥，也可以使粗糙的皮肤得以再生。

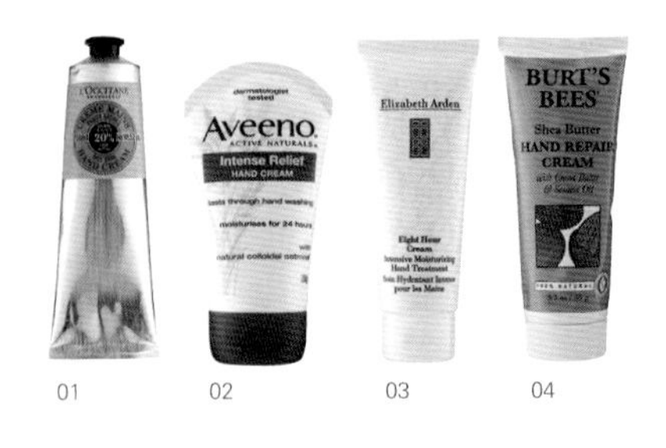


01 02 03 04

## 看到指甲里积满污垢的手，你会想要去牵吗？

专心在啃指甲的男人，以及指甲里积满污垢的男人，谁比较让人倒胃口呢？如果是我，我会投后者一票。因为前者最起码可以推卸给无法根除的成长习惯以及生活压力，但是后者呢？就因为不到 1 毫米的污垢，感觉整个人非常地慵懒又不够用心，而且又很不卫生。就算自己真的忙到没时间去管指甲缝里面是否有积污垢，但是又何奈，她就是压根儿不想牵你的手啊。

所以一定要警惕上面的例子，有空就要把指甲的问题搞定。至于指甲会长多快以及会怎么长，那根本就不重要，只管保持干净就对了。光是能做到这一点，就已经很了不起了，了不起喔！

## ★ 修剪指甲的顺序

1. 把手背向上而望向手指，然后以指尖为基准，让修剪后的指甲长度不会凸出指尖，这样看起来才会比较整洁。
2. 在修剪指甲的时候，先把中间想要留的指甲长度剪好，然后再往两边依照长度比例慢慢修剪。
3. 用锉刀（修理指甲用的工具，有点像是砂纸的模样，通常都是长条状）慢慢磨，把指甲的锐角磨掉。
4. 如果想要修剪指甲边缘的厚皮（指甲与手指头中间，已经角质化的死皮），可以先用温水泡过之后涂上一层润肤油，再用剪刀（修理指甲用的小剪刀）修剪掉。

如果想做到第 4 阶段，那还不如直接去指甲美容院会更干脆。
因为只要花 1~2 万韩元（约人民币 55 元~110 元），专业人士就会把指甲修护得干干净净。
最近跑指甲美容院的男人，比想象中要来得多呢。
一旦开始保养起指甲之后，还会慢慢上瘾呢。
看着整理得非常干净的指甲，整个人的心情也会愉悦起来。

# PART 3 对受虐的双脚应有的礼遇

除了躺下来要睡觉的时间之外，脚是一整天都没办法好好休息的身体器官。双脚为了支撑起我们的身体，承受着全身给它的压力，可真是用“受尽打压”来形容也一点都不为过。而脚的保养，就是对为我们牺牲的“双脚”应有的礼遇。况且只要我们稍不注意，马上就会发出味道，长出厚茧，甚至于得香港脚……所以就从现在起，来好好关心一下我们的双脚吧。

## 不要在脚上留下湿气

洗脚的时候，一定要把边边角角、指甲与指缝之间全部洗干净。由于脚对刺激的反应比较迟钝，所以就用香皂来洗也没什么关系。不过仍然尽可能用中性，或是弱酸性的香皂来洗。等把泡沫完全冲干净之后，再用毛巾仔细地把水汽擦干。用吹风机来吹一下也是不错的方法。一般人在洗脸或洗手的时候都会洗得很仔细，却在洗脚的时候就冲冲水而敷衍了事。但是这样很难把脚上的废弃物洗掉，所以一定要把边边角角仔细地洗干净。

## 脚也会强烈地渴望保湿

洗过脚之后要记得涂上保湿剂。因为这样不只是可以预防角质增生，而且也可以把已经出现的角质软化掉。尤其是容易增生角质的脚踝骨以及脚背一定要记得涂，脚后跟则是出现角质的时候再去涂，而容易流汗的脚底则尽可能不要涂，因为有可能会塞住毛孔。因为脚底常常流汗而感到烦恼的人，用脚底专用爽身粉是个很好的方法。爽身粉的成分不只可以吸收汗水而让双脚维持在干爽的状态，也可以防止异味的产生。

可以边看看书，或者边看电视，边来舒服地泡个脚。

## 护脚霜，这个不错！

01 02

{ 仲基的选择 }

**美体小铺（THE BODY SHOP）非洲 SPA 蜂蜜手足润肤霜（Spa Wisdom Africa Honey & Beewax Hand and Foot Butter）01**

如果喜欢甜蜜的香味，那就不必烦恼了。虽然它是油的形态，但可能因为比较柔软，所以很容易被皮肤吸收。

{ 黄主编的选择 }

**LUSH 仙度拉足护脚霜（Pied De Pepper Foot Lotion）02**

不只是可以把干燥的脚变得柔软，而且产品里面的柠檬、生姜以及肉桂的成分，能把脚的异味去除掉。由于它是用天然的成分制造，而且又散发清爽的香味，所以当成护手霜来使用也不会有问题。

## 形象 0 分！袜子破个大洞的男人

脚趾甲的成长速度要比手指甲慢。但是如果因为如此而疏于修剪，那总有一天会慢慢长长之后把袜子撑破一个洞。为了不让这种事情发生，最好的方式就是预防。记得一个月一定要修剪脚趾甲一次。不过连这一点都无法做到，而散发出“我是一个懒惰鬼”气息的男人，也真的不少。而脚趾头的修剪方式，也是先剪到不会超出脚趾尖的长度为准，再用锉刀来好好修护。为了不让趾甲倒插，最好把趾甲的前端剪得比较平，而尽量不要把两边修得太短。

## 可以治疗香港脚的化妆品？

如果脚上的湿气太重而得了香港脚，那么最好的方式就是去医院领处方笺。因为并没有可以治疗香港脚的化妆品。香港脚是因为脚的湿气太重，霉菌趁机寄生到角质层里面而繁殖的一种皮肤病。在此我们先温习一下小学自然课的时候学习的霉菌生长条件，那就是能取得营养、温暖以及潮湿这三个条件。在我们的身体里面，能够提供这个条件的部位，就只有脚与胯下附近。尤其在脚尖与脚缝之间，更是能够满足所有的条件。所以如果想要远离香港脚，那么就应该在洗过脚之后，好好地把湿气擦干才行。而使用婴儿爽身粉也是不错的方法。

# PART4 体毛管理并不是选项，而是必须的

密密麻麻的体毛，象征男性美的时代，早已经成为历史了。或许有人会认为，反正体毛又看不到，那有什么关系。但是体毛并不是为了要给别人看才长的，而且体毛不只是影响到一个人的形象，如果保养不当会产生体臭才是问题的重点。体毛聚集的地方因为温度比较高，所以会比别的部位要流出较多的汗。如果就这么放置而不予理会，那么就会有奇怪的味道飘呀飘～，而且如果体毛往皮肤里面倒插，那也可能会引发炎症。

## 鼻毛钻出鼻孔的男子，别指望性感这个单字

鼻毛扮演着不让灰尘以及异物进入气管里面的角色。所以不可以任意地拔除或是修剪。可以运用专门修剪鼻毛的剪刀以及鼻毛剃刀，只要把长到鼻孔外面的鼻毛修剪掉就行了。虽然剃刀也很方便，但是如果只想修剪自己想要剪掉的鼻毛，那么还是用剪刀比较方便。如果使用前面尖尖的修剪眉毛用的剪刀，那有可能不小心发生流血事件，所以尽可能使用前面圆

圆的修剪鼻毛专用剪刀。

### 松软的腋毛，尴尬的场面又该怎么收拾

腋下的体毛扮演着减少手臂与身体磨擦的角色。虽然愈多也就愈松软，但问题是味道！体毛愈多，温度也就愈高，而如果通风又不顺畅，那么夹杂着汗水的体臭，就会更严重。而且穿露肩衫的时候，从腋下冒出来的腋毛，就连身为男人的我，看到也都会感到有点尴尬。不过总不能像女人一样地全部刮掉，所以只要修剪到放下手臂的时候不会被看到的程度，也就可以了。如果想要剪得太短，有可能不小心被剪刀刺到手臂或身体，所以要特别注意！那还真有点痛呢。

### 干脆就刮个干干净净

在手臂、腿、胸前、肚子等地方长出来的体毛，如果还没到达有碍观瞻的地步，那倒不必一定要除掉。但是如果觉得跟自己的形象不合，那么与其用剪刀修剪，还不如用刮胡刀来刮掉，因为这样才会觉得干干净净。而用刮胡刀来刮掉之前，先淋浴而把体毛泡开之后，抹上刮胡泡或是凝胶，然后顺着体毛长出来的方向刮干净即可。

## PART 5 因沐浴而重生的男人

沐浴不光只是洗除身上的污垢，而且具有更为重要的意义。把全身皮肤与毛孔上面的老废物质清除掉的同时，还能够促进身体的血液循环，进而消除身体的疲劳与压力，为身体补充新的能量，这就是沐浴的目的。

### 淋浴的标准程序

洗个澡还讲究什么顺序嘛。或许有人会说：要从离心脏最远的脚开始洗会比较好。但是如果连洗澡的顺序也要这么计较，那么反而这种行为本

身就是一种压力了。我倒认为淋浴就照个人的喜好去洗就行了，不过手肘以及膝盖等比较容易增生角质的地方，记得一定要多费神去照护。

## 最佳水温，会因时间的不同而会有所不同

淋浴的最佳水温，会因早、晚而有所不同。起床之后要打起精神来的时候用比体温低一点的水温，也就是感觉水的温度稍微凉一点会比较好。而要解除累积了一天疲劳的晚上，则是用比体温高一点的水温比较好。先用沐浴乳洗净身体之后，用相同的水温冲洗干净，然后最后的步骤就跟洗脸的时候一样，用冷水来做结尾。这样多少可以延缓水分蒸发的速度。

它同时也具有解除身心累积的压力，以及改善因新陈代谢不够活跃而引发的疲劳症状的效果。虽然最近也有研究报告指出，半身浴的效果似乎有被夸大报导之嫌，但以我个人亲自经验来说，它比淋浴的确具有卓越的排汗效果，而且对皮肤也很有帮助。

浸泡半身浴而排放汗水的同时，也可以排除体内的老废物质，而且还可以促进血液循环。

它同时也具有解除身心积累的压力，以及改善因新陈代谢不够活跃而引发的疲劳症状。

虽然最近也有研究报告指出，半身浴的效果似乎有被夸大报道之嫌，但以我个人亲自经验来说，它比淋浴的确具有卓越的排汗效果，而且对皮肤也很有帮助。

## 全身浴不如半身浴

我真的很喜欢把身体泡在浴缸里面洗澡。戴上耳机，躺在浴缸里面听着音乐，感觉身体的疲劳就会慢慢消解。据说可以帮助维持体温均衡的半身浴，要比全身浴的效果更好，所以每个星期就来从容地享受一次吧。

方法很简单，只要在浴缸里面放好比体温高一点的水，用手试一下感觉不会烫而是温和的39℃左右的水温，然后泡到心口窝（胸部下面凹进去的地方）的深度，大约浸泡10～30分钟左右即可。

时间并不是完全固定不变的，所以可依照自己的身体状况来适度调整。重点是不要让水位超越心脏的高度！也有人喜欢在泡澡的时候顺便来敷脸，但是因为在半身浴的时候脸上会一直冒汗，所以同时敷脸并不很恰当。

## 泡了个足浴，角质都不见了

如果没那么多时间，而且情况也不允许，那么就泡个足浴吧。方法真的是超简单。只要在洗脸盆里接好温水，就这么把脚泡到脚踝骨的上面就行了。这时候如果滴一两滴苹果醋，或是把绿茶包泡在里面，那么就可以解除疲劳，也可以有效地去除脚上的臭味。在泡足浴的时候，脚皮上面的角质也会跟着泡起来，这时可利用专门去除角质的器具，来把角质去除掉。刷刷～光看着感觉都很舒服。

## 黑垢，搓掉？拉倒？

所谓的“黑垢”，就是指皮肤表面剥落的老废角质、汗、皮脂外部的尘垢相结合的物质。虽然黑垢的PH值偏向于酸性而可以抑制细菌的成长，但同时也会抑制汗水与皮脂的分泌，以及妨碍体温的调节等等，害处要比益处来得多。所以在不伤害皮肤的前提下，干净地去除黑垢会比较好。

## 身体清洁剂，这个不错用！

### { 仲基的选择 }

**小蜜蜂（BURT'S BEES）柑橘甜姜洗手液（Citrus & Ginger Root Hand Soap）01**

抗菌与保湿的效果固然卓越，但因为甜蜜的香味，会更让人爱不释手。

**博尼（VONIN）运动强力清净沐浴乳（Rx Sports Ultra Hair & Body Cleanser）02**

比起每日使用，更适合运动流汗之后身体有点疲倦的时候沐浴使用。清爽的香味，会为我因为拍片而感到疲惫的身体，注入一股力量。

**自然乐园（NATURE REPUBLIC）MACAZIO 男士运动沐浴乳（Homme Sports Hair & Body Shampoo）03**

产品里面含有日本的温泉水与维他命丰富的樱花萃取物，所以在沐浴的过程中，会有一股清爽的香味萦绕的沐浴乳。虽然也可以当成洗发乳使用，但是洗完头发之后感觉头发会有点干燥，所以用到后来我只用来洗身体。

### { 黄主编的选择 }

**肯梦（AVEDA）迷迭薄荷沐浴乳（Rosemary Mint Hand and Body Wash）04**

把可以使皮肤湿润的芦荟、让人心情愉悦的迷迭香与薄荷的香精油等对皮肤非常好的成分，有机栽培之后萃取而使用的产品。洗完澡之后擦干身体，仍能感觉到身体的湿润。

**碧欧泉男士系列（BIOTHERM HOMME）高效能充电淋浴凝胶（High Recharge Shower Gel）05**

产品里面含有人参萃取液的成分，洗的时候光闻味道就感觉可以洗出健康。虽然洗完之后身体不会那么容易干燥，但也不会有黏黏的感觉。

**布朗博士（DR. BRONNER'S）有机茶树沐浴露（Shikakai Soap Tea Tree）06**

不用水，而以葡萄汁为基本原料制造的产品。由于该清洁剂适合同时用在头发及身体上，所以建议喜欢使用二合一产品的人士使用。

01 02 03 04 05 06

## 用护身乳液来按摩

洗过之后为了防止皮肤干燥，必须要尽快地来涂上保湿乳液。从一开始到现在，这句话说到我的嘴唇都快要磨破了。我们的身体，当然也要涂上保湿乳液。由于身体的皮肤要比脸孔厚实、反应迟缓而且又看不到，所以常常会被我们疏忽。但是如果不把身体的皮肤保养好，那么仍然会出问题，而且也会出现角质。所以要依照干燥的程度，用护身乳液、乳霜或是油，来好好保养身体。

淋浴过之后最好用手来捏捏身体或是转动身体来做做缓和运动，来解除肌肉的疲劳。而既然要捏，就边涂保湿产品，边来按摩，才会对皮肤更加有效。比较容易起白色角质的手肘、膝盖及小腿，尤其应该特别注意保养。

**身体保湿剂，这个不错！**

{ 仲基的选择 }

**伊夫·黎雪（YVES ROCHER）热情椰香美体霜（Malaysian Coconut Silky Cream）**01

浓郁的椰子香会散发全身。使用在干燥的皮肤上，保湿感会维持很久，但不会有黏黏的感觉。

**露得清（NEUTROGENA）润肤乳霜（Norwegian Formula Body Emulsion）**02

含有甘油纯度99%的润肤乳霜。由于是非常浓郁的乳霜产品，只要涂在干燥的部位上，会立刻呈现湿润的感觉。持续力可以维持很久，而且不会感到黏稠，就算涂满全身也不会感觉不舒服。

{ 黄主编的选择 }

**凡士林男士系列（VASELINE MEN）润肤乳液（Body & Face Lotion）**03

虽然英文名称是身体与脸部共享的乳液，但是涂在脸上会有一点油光，所以我就把它归为身体专用类，而且涂在身上之后保湿感会持续很久。由于价钱也很便宜，所以多涂一点也不会觉得很可惜。

**护蕾（DUCRAY）极护身体滋润乳（Ictyane Body Lotion）**04

甘油与凡士林的复合成分，可以把不足的水分补充，而把皮肤出现的角质确实有效地压制下来，而使保护膜得以再生。是不致粉刺的非面疱性产品。

# 以为粉刺长在背上，别人就看不见了吗?



一张脸保养的白白净净，可是背后却长满粉刺的人，还真的不少呢。那是因为背部平常藏在衣服下面，所以很容易就忽略掉，但是到了会常去海边度假或是游泳池的夏季，那么就会在一声“糟糕”的叹息声中，把自己身体的秘密裸露地公布出来。另外，假如穿着紧贴在身上的露肩棉衫，正在向心爱的她展示身上肌肉的时候，不小心转了个身而被她看到了自己背后的青春痘花圃？够了，别再去想了，立刻开始进行保养吧。

## 原因？就是没洗干净！

在我们的身体之中，除了脸之外皮脂腺最多的地方就是胸前与背后。而如同前面所说，青春痘的形成，是因为皮脂分泌过多而阻塞毛孔所引起的。好，如果真的是这样，那么结论就是因为没有好好清洗，才会在胸前与背后长青春痘。至于大多数人后背的青春痘要比前胸多的原因，那当然就归咎于因为手伸不到，而没有常常洗的原因了。所以只要好好清洗，绝对可以预防背后长青春痘。

## 拜托，务必要温柔一点

那么背后到底要怎么清洗，才会被别人称赞呢？最简单的方法，就是利用身体去角质剂，把老化的角质去除掉。用专门去角质的毛巾，边按摩边去角质也很好，但是已经长青春痘的部位，则尽量要避开。

这时可千万要注意，为了泡开身上的角质而去泡热水，很可能会使皮肤的水分流失而变干燥。而且也别忘了去除角质之后，要为受到刺激的皮肤涂上有舒缓及抗菌效果的身体用保养乳液或保养油！

黄主编的修饰忠告（Grooming Advice）

# 有味道的男人，实在让人无法忍受

Mission 2.

今天她的脸上如果突然出现了不耐烦的表情，平常喜欢对着我笑的晚辈如果突然把视线别向他方，公司同事如果对我欲言又止地东张西望，那么就对自己来进行下列的检查吧。如果符合其中任何一项，那还等什么？你的身上正散发着奇怪的味道呢，快点采取行动吧！

## CHECK 1 午餐吃了臭袜子是不是？

嘴巴会发臭，就是因为有蛀牙或是因为口腔细菌的侵入，导致牙龈发炎、肿胀、流血，而感染牙周病的时候其症状会更为严重。这最大的原因就是没有好好刷牙。如果不把黏在牙齿上的齿菌斑好好清理干净，它就会形成结石而把牙龈与牙齿的距离慢慢扩大，而帮助口腔细菌的侵入。在这种情形之下如果又摄取味道比较重的食物，那么状况就会更加严重。

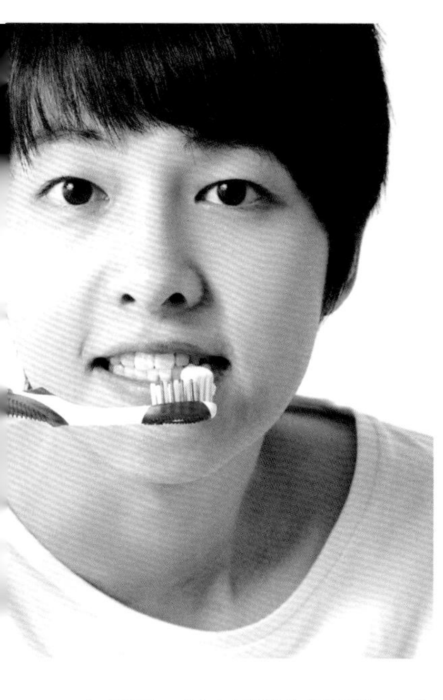

## 光是好好刷个牙，问题也已经解决了 80%

光是好好刷个牙，这种问题也已经解决了 80%。在刷牙的时候如果顺便把舌头与舌根刷一刷，那么或许会在洗脸台前面作呕，但总比在别人面前散发出口臭要来的好。

如果拼死拼活地刷了牙，嘴巴还是有臭味，或是情况并不允许，那么嚼口香糖也是一个不错的方法。不只是口香糖的香味能去除口腔的味道，在嚼食口香糖的过程中分泌出来的口水，也能消除掉口腔的异味！如果情况也不允许，那么就把漱口水带在身上。虽然效果不如刷牙，但也可以立即消除味道。可千万不要想酒后驾车的时候拿来使用，而应该随时使用会比较好。只要在口腔内倒入适当的分量，含一含之后吐掉就行了。

## 把烟戒掉，改喝绿茶

吸烟会使口臭更为严重，这可一定要记得！吸烟会使口腔变得干燥，而且烟里面的尼古丁，会持续使口腔内部与黏膜维持在干燥的状态，而导致可以中和口臭的口水分泌不足。这也会使口臭的情况更加恶化。

如果不吃早餐，那么由于一整个晚上都处于空腹的状态，口腔就会容易干燥，而会提高产生口臭的几率。这可一定要记得。

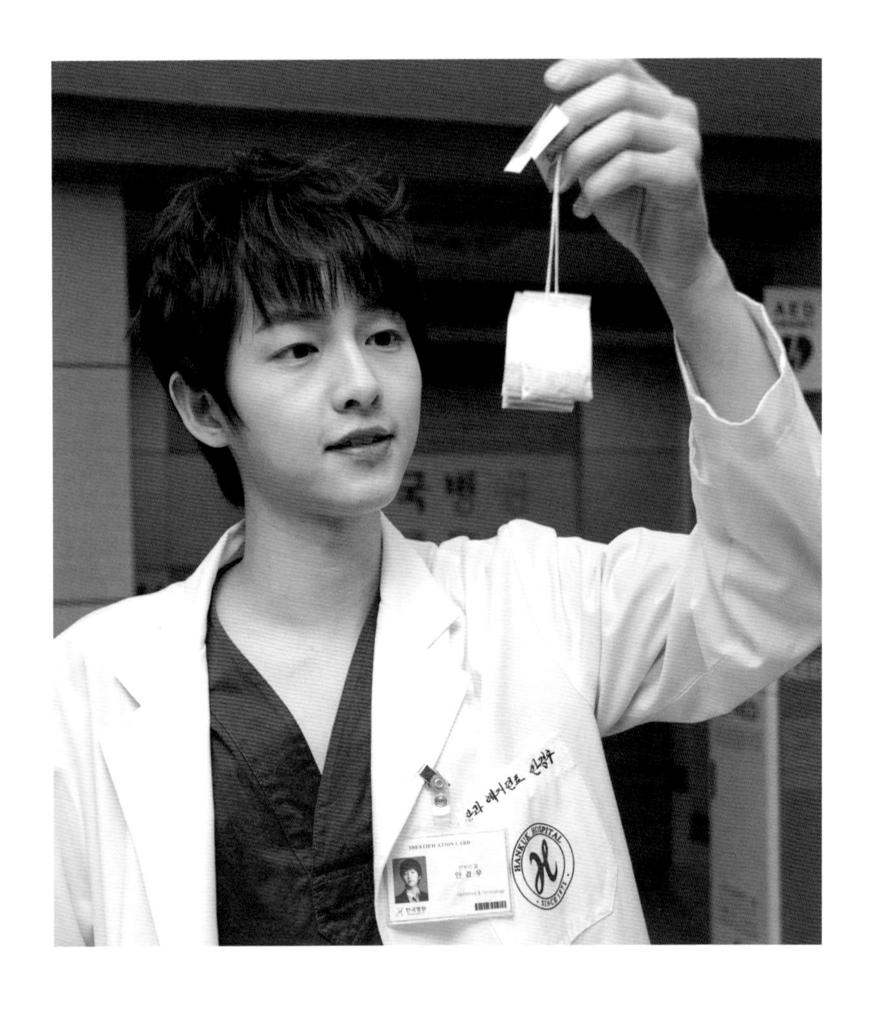


长久来看，由于吸烟会使肝功能减退，这也是造成口臭的原因。而且吸烟会降低口腔内部的氧气浓度，会使引发牙周病的口腔细菌增加，这又是另一个会造成口臭的原因。所以如果真的没办法把烟戒掉，那最起码在吸完烟之后去刷个牙。

如果还是担心口臭，那么就改喝绿茶来取代喝咖啡。绿茶里面的儿茶素成分，不只是可以抑制细菌的繁殖，也具有中和味道的效果。而如果这些措施都做过了，仍然还会发出口臭，那么就有可能是肝功能减退或是肠胃方面的疾病问题，建议到附近的医院去好好检查一下。

# CHECK 2 比垫隐形增高鞋垫还要羞于见人的那件事

在参加大学的系办迎新旅游或学院迎新旅游的时候，上班族到必须要脱鞋子的餐厅用餐的时候，军人则是无论坐着还是站着的时候，心里一定都曾经担心："我的脚会不会发臭呢？"这个问题。如果自己真的干净到不曾为这种问题困扰过，那一定有看过自己的周遭，有不少人会在脱鞋子的时候有些彷徨而坐立不安。这些人之所以会感到不安，不外乎是在担心："我的脚会不会发臭？"或是："会不会被人发现我有垫隐形增高鞋垫？"

## 在穿鞋子的状况下，任何人都不会感到自在

脚臭是不会因人而异的，就算平时认真清洗，但是穿着鞋子闷了一整天之后，任何人都会担心发出脚臭而不会感到自在。

会发生脚臭的主要原因，是因为脚底出汗先把皮肤的角质层泡开，角质又与在充满湿气的鞋子里面滋生的细菌相结合而产生的。所以就算到现在为止不曾因为脚臭的问题烦恼过，但是只要稍有疏忽，那么任何人也都会发生脚臭的问题；相反，如果把湿气、角质层以及细菌相连的任何一个环节破坏掉，那脚臭也就会消失不见了。

## 千万不要连续两天穿同一双鞋子

为了预防脚臭的发生，最先要消除的就是湿气。就算是再怎么通风的机能性鞋子，穿一整天下来之后因为撑着全身重量的双脚会流出汗水，而鞋子也会充满湿气。如果可以，最好改穿通风良好的拖鞋过日子或勤于更换被汗水浸湿的袜子。

还有，可千万不要连续两天穿同一双鞋子。因为鞋子里面一定会残留还没干透的湿气，所以第二天就会更容易充满湿气。而如果鞋子里面留有湿气，最好塞进报纸来给鞋子一些消除异味的时间。

## 脚上的角质退去吧

脚臭会发生的另外一个原因就是角质层。所以为了不让脚后跟以及脚

底出现厚厚的死皮，一定要好好地进行保养。先用温水泡过脚之后，用去角质专用的毛巾轻轻去掉角质也是一个很好的方法。而且既然要泡脚，那么也可以把绿茶包放进水里一起泡。（先用热水泡过一杯绿茶之后，再把用过的茶包放进去就足够了。）

绿茶的杀菌能力以及去除味道的效果，可以用鼻子闻得出来。如果不相信民俗疗法而只信任化妆品公司的科学技术，那么可以使用足部专用的喷雾水。喷洒在脚上的瞬间，会使皮肤的表面立刻变凉，而且也会吸除湿气。那一股清凉的感觉，真的让人非常舒畅。

### 足部喷雾水，这个不错！

{ 黄主编的选择 }

美体小铺（The Body Shop）柠檬草除味足部喷雾水（Lemongrass Deodorising Foot Spray）01

单纯地驱除脚的臭味效果固然不错，不过也可以用来消除脚部疲劳。清爽的柠檬香非但不会与脚的臭味混杂，而且还会消除脚的臭味。

## CHECK 3 因为汗臭味不见的个人形象，还给我啦！

腋下的汗臭味，向来都是男人要比女人严重。那是因为男人腋下的汗腺比较多，所以汗水的分泌会比较旺盛；而且男人对汗臭味的反应，向来比女人迟钝。就算反驳我说“这世界哪有不流汗的人”也于事无补，最好的办法就是快点去除汗臭味。

### 还好有体香剂

可以预防汗臭味的最佳良方，就是洁净的体毛保养以及沐浴。不过详细的内容仲基先生在前面已经都说过了，除了那些方法之外，还有一个最快解决问题的方法，就是使用“体香剂”。虽然体香剂主要的用途是抑制汗水分泌以及防止细菌繁殖，但是最近很多产品，都注入了高含量的香味，带给使用者清爽的感觉。

### 类型与使用方法

目前上市的体香剂类型非常多，除去男人不常使用的粉末型与凝胶型，让我来介绍最有代表性的两种类型。因为产品的类型不同，而使用的感觉也会不同，所以只要按照自己的喜好选择，来涂在腋下或是最常出汗的部位就行了。不过尽可能在出汗以前或是身上发出味道之前使用，效果才会比较好。

喷雾型非常方便使用而且也不会有黏稠感。直接喷洒在出汗的部位，也不会有什么问题。喷洒的时候要离身体一掌远的距离,才能均匀地散开。如果距离太近，除了有可能让体温急速下降，抑制汗水分泌的成分也有可能过于集中，而带给皮肤不必要的刺激。

条状型非常方便携带。可以直接覆盖皮肤，有效防止汗水的排出。不过不容易涂在毛发较多的地方，而且由于是直接涂在皮肤上的产品，所以如果涂在已经出汗的部位上，会有不舒服的黏稠感。如果流过汗之后要涂条状型的产品，最好先用湿毛巾把汗水擦掉。

### 体香剂，这个不错！

{ 仲基的选择 }

KENZO 风之恋体香膏（L'Eau Par Kenzo Pour Homme Fresh Deodorant Stick）01

可以让人感受到夏季冲凉时的清爽感的产品。涂上去的时候不会有黏稠的感觉，而且可以有效地把味道中和处理。

{ 黄主编的选择 }

REXENA MEN 量子喷雾水（Quantum Spray）02

并不只是为了清爽而制成的体香剂，它用比以前较为不刺激且更为温柔的香味来诱惑男人。在流汗之前喷洒使用固然不错，但在流汗的状态下可以使用的，也就只有喷雾水了。

01

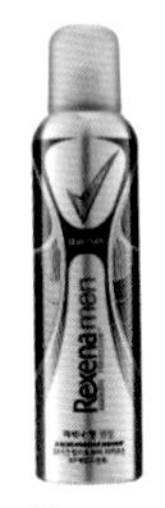


02

## 调整一下自己的食谱，如果过于严重，就去医院

如果洗过、涂过，但是仍然没办法改善汗臭味的问题，那么先来调整一下自己的食谱。由于汗水中的蛋白质成分，尤其氮素化合物会成为发出体臭的主要原因，所以比起肉类，多摄取一些蔬菜或水果会比较好吧？而且如果多喝水，那么汗水里面水的比重就会增加，进而可以稀释体味的浓度。

该做的都做了，但是汗臭味仍然很严重？那么就该去医院看看了。跟专科医师商讨过之后，从镭射除毛术、阻隔汗腺术等手术中，找出一个适合自己的方式来解决问题。

# CHECK4 能够让她回过头来看我的某样东西

懂得让香水升华成只属于自己体香的男人，那真的是会让人感到一阵晕眩般的富有魅力。但是香水一定要等搞清楚了之后再来使用。如果还没有把自己的身体整理干净就使用香水，而发出一股稀奇古怪的味道，那可真的是公害中的公害！所以一定要先来确认一下汗水与香水结合之后是否会有怪味道产生以及是否使用了过量的香水。另外，也要了解一下使用香水的时候必须要熟知的一些基本常识。

## 香水，用香味来表现自我的方法

跟年龄层不相干，人们最常送来送去的礼物之一，就是香水。我想这是人们在“那个人应该很适合这种香水”的主观意识判断下，听到了“最近这一款香水最受到欢迎”的建议之后，心想“价格也很适当，而且也很适合当成礼物”地得出结论的缘故吧。但是很可惜，这对接受的人来说，并不见得是一份令人感到喜悦的礼物。

因为在思考后香以及残留香之前，要最先考虑香水的厂牌以及受欢迎的程度；而且也不容易掌握得住使用者对香水的喜好程度。事实上因为香水的味道会受当时的氛围以及环境影响，所以喜好的程度也会跟着改变，

就连自己也无法完全确认自己喜欢的香味。

所以不管是自己要用的，还是打算要送人的，买香水可没必要去考虑是否畅销，是否是什么大厂牌的。只要用的人喜欢，而且又很适合，那就是好香水。什么是很适合的香水？那因为牵涉到个人趣向的问题，所以我也无法详细说明。只能说从给人温暖的麝香（Musk）、清淡的花香（Floral）、温柔的木香（Woody）以及比较强烈的清新香味（Fresh）……等许多香水中，逐一闻过之后挑选最适合自己的再来购买。

## 最起码了解一下分类的方法吧

基本上，香水是在可以散发出香味的香料里面，加入了酒精等的物品来混合制造的。而依香料以及酒精的赋香率，大致上可分为香精（Perfume）、香水（Eau de Parfum）、淡香水（Eau de Toilette）及古龙香水（Eau de Cologne）等。而它们的特性如下：

香精（Perfume）由于香料的浓度为 15 ～ 30%，所以香味比较重，而且时间也很持久。整体来说，香味的感觉很强烈也很浓郁。由于香味强烈，所以并不适合休闲的氛围，比较适合于正式的场合。

香水（Eau de Parfum）香料的浓度为 10 ～ 15%左右，可以想成香精的简易版。简单地说，虽然香味的浓郁度有些类似，但是呛鼻的程度弱了一些。相较于香精虽然可以轻松一点，但还没到既爽朗又活泼的地步。形容成温暖地接近的感觉比较恰当。

淡香水（Eau de Toilette）香料的浓度为 8 ～ 10%。形容为平易近人的、爽朗的、可爱的香味应该很恰当。虽然香味的持久力比较差，但是残留香也可以持续 3 ～ 4 小时。

古龙香水（Eau de Cologne）就是一般常听到的“古龙水”。香料的浓度为 5 ～ 7%。因为香料的含量很低，任何人都可以毫无负担地买来使用。香味的浓郁度也只有香水的残留香的程度而已。由于产品的熟成时间比较短，所以价位也比较低。因为是针对运动后、沐浴后使用的产品，市面上比较多。

## 不要被初闻到的香味所迷惑

在购买香水之前，大部分的人都会先喷洒在身上，或是喷洒在试纸上来闻一闻。但是可千万要记得，不要以初闻到的香味，作为选择购买香水

的标准。

可以构成香水的各种香料，随着酒精的挥发而散开的味道，就称之为“味阶”(Note)。刚喷洒出来的时候闻到的香味称之为“前味”(Top Note)，喷洒后过了10多分钟闻到的香味称之为“中味”(Middle Note)，而酒精完全挥发之后留在身体上的残留香就称之为“后味”(Base Note)。

香水的关键，就是最后残留在身体上的后味。也就是说，喷洒完香水之后无论是自己闻，还是别人来闻，其味道最终都是后味，所以在选购的时候，一定要考虑到这一点。所以在试闻香水的时候，先把香水喷洒出来闻过前味之后，从容地先去处理别的事情，等过了20分钟左右之后，再来闻香水的味道。如果那时候觉得香水的味道很满意，那就OK了！感觉很麻烦？香水并不是很便宜的东西，而且一旦买了就差不多要用一年左右，所以“这一点过程绝对值得”，不是吗？

## 喷洒香水的重点

首先要记得，当把香水直接喷洒在皮肤上面之后，绝对不可以搓揉。那是因为温度的升高，有可能会使香水变质。事实上以一般人的嗅觉，在喷洒之后去搓揉皮肤，也很难闻得出有什么不同。为什么不能这么做呢？因为重点是，香味会因为热的干扰，破坏了从前味到后味依次发展的均衡，而使最后残留的香味也会跟着改变。所以既然要喷香水，那就该好好地享受一下会随着时间改变而改变的香水之奥妙！

好，那么香水要喷洒在什么部位比较好呢？可以让香味保存得最久而且隐约可以闻到的部位就是手腕。手腕的脉搏虽然很不显眼，但也会随着些微的跳动而使香味传递得很强烈。再加上挥动双手的时候也可以把散发香味的范围扩大，绝对是个非常理想的部位。也有很多人喜欢抹在耳朵后面，但由于从耳朵后面散发出来的香味太过直接，所以并不是很建议。男人的香味，应该像是每天累积下来之后隐隐约约地散发出来，才是最具有魅力的！

如果皮肤比较敏感，那就不要直接喷洒在皮肤上。可以喷在领带的后面或是往头的上方喷洒之后在下面走过去。这么做之后，虽然香水主要喷洒在上半身而且香味也不会持续很久，但是由于中味与后味一直隐隐约约地在周围萦绕，所以可以发挥出香味像是自然地附在身上的效果。在裤子的腰际内侧喷洒香水也是个不错的方法。担心香味会出不来？等过一段时间之后，香味自然就会慢慢地飘上来。而且还可以感受到香味慢慢随着上衣，持续发出很久的效果。

喷洒香水尤其要注意的是，要尽量避免喷洒在会流汗的部位。因为香水与汗水混合之后，会破坏香水的均衡而发出一股无法形容的怪味道。这种味道，绝对不会好到哪里去吧？

## 香水，这个不错！

## { 仲基的选择 }

**契尔氏（KIEHL'S）麝香中性淡香水（Original Musk Blend No.1）EDT** 01

如果平常很喜欢说“CHIC”（时髦；韩国年轻人流行语）这个单字，那么一定要去闻一次的香水。麝香的残留香味会萦绕在身上，让你久久无法忘怀。

**DSQUARED[2] 男性淡香水（He Wood）EDT** 02

拥有比契尔氏的麝香更为悠闲而且轻松的麝香味。用木头制成的香水瓶，漂亮到足以让人想要收藏的地步！

## { 黄主编的选择 }

**约翰·瓦维托斯（JOHN VARVATOS）工匠香水（Artisan）EDT** 03

跟在穿着时髦的套装下面，隐藏着巧克力腹肌的男人的模样很搭配的香水。分明是男人专用的香水，但是在里面隐藏着水果与花朵的甜蜜香。

**乔治·阿玛尼（GIORGIO ARMANI）男性淡香水（Diamonds for Men）EDT** 04

在佛手柑清爽的香味中，添加了可可的温柔香，而完成了适合知性男子使用的香水。除了炎热的夏天之外，任何时间、任何地点使用都非常合宜。

**KENZO 原动力男性淡香水（Kenzo Power）EDT** 05

在甜蜜的花香里面，加入了富有生动感的琥珀香，而成了非常适合男人使用的香水。以清酒瓶的模样作为主题，是原研哉（Kenya Hara）大师的设计。

仲基的会诊报告（Clinic Report）

# 令我们
# 愉悦的齿科

仲基的医院探访第二弹!

这一次，我去拜访了我常常会去看牙齿的 Ye 齿科宋大根、吕瑛新院长。事实上，我不是很喜欢去看牙医，所以虽然不是去看病，但双腿也不停地颤抖起来。但是透过这一次访谈，我总算了解到如果想要保持自己的健康以及美貌，那就必须要多多亲近牙科的道理。

刷牙，可不能因为每天都刷，就小看它

★

**仲基** 你好～对不起，我要向你进行盘问了～～!

**Dr.Ye** 是是，请尽量。^^

**仲基** 我就从最基本的开始问起好了。虽然每个人每天都在刷牙，但是好像鲜少有人知道正确的刷牙方式。你是否可以先告诉我们，刷牙的时候要注意哪些事项呢?

**Dr.Ye** 是，刷牙是一种可以维持牙齿健康的最简单也是最重要的方法。平时一天要刷 3 次，而餐后刷牙是最基本的。如果可能，养成吃完零食之后也刷牙的习惯，那才是最好的。

**仲基** 我听说太常刷牙，反而不是很好……

**Dr.Ye** 一天刷 3 次以上，并不会造成什么大问题。吃完东西之后就去刷牙，是个非常好的习惯呢。

**仲基** 我因为拍片的缘故，只能利用中间的空当来吃饭，因此不能吃完东西就马上刷牙。这算是不好的习惯吗?

Dr.Ye 是的。一般来说，吃完东西之后在3分钟之内就要刷牙。因为只有这样才可以把粘在牙齿上的食物残渣刷干净。而如果超过了3分钟，那么会引起牙周病变的头号主犯齿菌斑，就会形成一层细菌膜。另外也有很多人在刷牙的时候只会很卖力地刷牙齿，但是牙齿与牙龈的交界部位、口腔上方、脸颊内侧、舌头与舌头的下面也要仔细地刷干净。

牙刷、牙膏、牙线，有没有搞清楚呢?

★★

**仲基** 好的牙刷要怎么选呢?

Dr.Ye 选牙刷的时候，要选一把可以自由地在口腔里面移动，能够灵活地刷到每一个地方的比较适当。所以选牙刷的时候，要挑一把牙刷的头部跟自己的2～3颗牙齿差不多大小的牙刷最为适当。如果牙刷的头太大，就不容易刷到牙齿的内侧以及智齿的后面。

**仲基** 牙刷的毛刷有些比较柔软，有些比较硬。这有什么差别吗?

Dr.Ye 只要照着自己的牙齿以及牙龈的状态来选用就行了。牙龈比较不好的人，最好使用毛刷比较柔软的牙刷。而正在接受人工植牙治疗的人士，也应该使用毛刷比较柔软的牙刷。

**仲基** 那么牙刷大约要多久换一次呢?

Dr.Ye 大约每2～3个月换一次比较适当。但是如果在那之前牙刷的缝隙已经张开，或是毛刷已经有脱落现象，那就该换了。而使用完牙刷之后，一定要用流水清洗干净，然后放在通风的地方晾干。

**仲基** 由于牙膏在使用上并不会明显感觉有什么不同，所以常常都会随手抓起来用。请问挑选牙膏也有要注意的事项吗?

Dr.Ye 牙膏里面都会含有可以预防蛀牙的氟，以及对牙龈保健非常有帮助的各种成分。如果牙齿没有什么特别的问题，那就依照自己喜爱的香味及颜色来选用就行了。如果牙齿有酸痛的过敏现象，那使用含有少量研磨剂(可以使牙齿发亮的成分)的牙膏比较好。而如果牙齿有病痛方面的问题，那么就应该在牙科诊所检查自己的牙齿与牙龈的状态之后，请医师推荐适合自己的牙刷与牙膏比较好。如果正在接受植牙或是矫正治疗，那么使用针对这些治疗而特别处方的牙膏比较好。

**仲基** 国外好像有很多人在使用牙线，而国内似乎并不是那么习惯使用。

Dr.Ye 是的，的确如此。但是如果可以养成使用的习惯，那么对牙齿保健会有很大的帮助。只要用 40～50 cm 的牙线，夹在两手的食指与中指之间，塞进牙齿的缝隙中间来回地拉扯几次，就可以把夹在齿缝中的细小食物残渣以及细菌膜干净地清除掉。

**仲基** 使用牙线不会使齿缝变大吗？

**Dr.Ye** 有很多人会这么担心，但是完全不会。像仲基先生这样移动频繁，而且行程不规则的人，最适合用牙线了。

**仲基** 超市应该有在卖吧？我还从来没使用过呢……

**Dr.Ye** 是的，不只是超市有卖，而且也可以在药局以及牙科诊所购买。只要依照自己的牙龈状态以及趣向，挑选适合自己的产品就行了。如果自己的齿缝比较宽，就买比较粗的牙线；如果自己的齿缝比较紧，就买比较细的牙线。另外也有上好蜡的牙线，用起来会比较方便。

好羡慕那雪白又整齐的牙齿啊～

★★★

**仲基** 如果要给别人留下好印象，除了白皙的皮肤之外，雪白的牙齿也非常重要。那么牙齿美白手术到底有哪几种呢？可以顺便告诉我大约所需的费用吗？谢谢！

**Dr.Ye** 牙齿美白手术大致上可分为两种：一种是利用双氧水之类的特定药剂，在牙科诊所里面由医师直接为病患进行牙齿美白手术的"诊间美白"（Office Bleaching）；而另外一种是把塑料齿模套在牙齿上面，利用药剂在家里面按照医师的指示来进行牙齿美白手术的"居家美白"（Home Bleaching）。

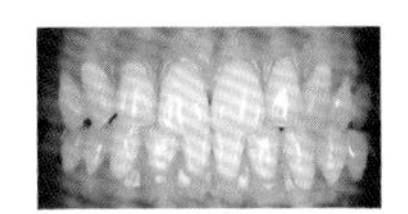
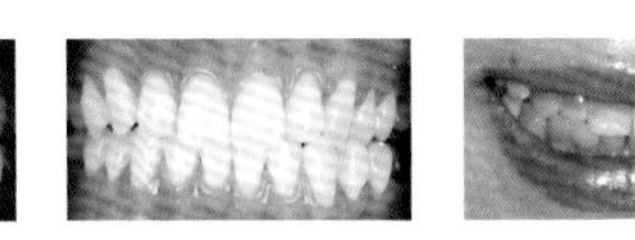
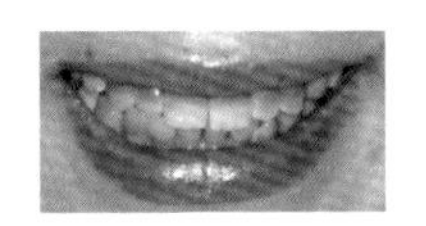
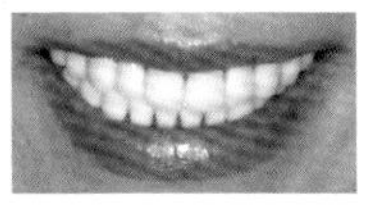

牙齿美白手术的前后照片

**仲基** 这两种的差别在哪里呢？

**Dr.Ye** 诊间美白使用的药剂浓度要比居家美白的药剂浓度高出许多，所以短时间之内就可以达到美白的效果。由于居家美白的使用的药剂浓度比较低，相对地要花上比较长的时间才能达到美白的效果。不过对于没办法常常来诊所直接接受治疗的病患来说，这的确是一个比较实用的手术方法。不过在我们 Ye 齿科进行的诊间美白"闪亮的微笑（Bright Smile）"手术，并不像坊间其他的医院一样必须要接受 3 ～ 4 次的治疗，而只要来医院 1 次接受治疗就行了。效果当然非常地卓越，而且使用全国第一个获得食品医药管理局许可的药品，所以大可以放心地来接受我们的治疗。

**仲基** 费用！费用！

**Dr. Ye** “闪亮的微笑”80 万韩元（约合人民币 4300 元）；要治疗 2 个星期左右的居家美白，大约要 30 万韩元（约合人民币 1600 元）。^ ^

**仲基** 市面上在卖的美白药品以及美白牙膏，真的有效果吗？

**Dr. Ye** 其实目前为止并没有任何一个正式获得证实的产品。当下最有效的方式，就是接受牙科诊所的帮助，在家里或是到诊所去接受美白治疗，才是最有效的方式。

**仲基** 也有很多人为了矫正而烦恼不已。进行牙齿矫正之后最令人担心的，就是口腔内的矫正装置会给别人不好的印象。

**Dr. Ye** 这时候的最佳选择，就是使用“透明矫正器”。它是可以代替外观印象不好的金属矫正装置而使用的可拆装矫正装置。透明矫正器每 2 星期要更换一次，而且在更换的时候会依阶段进行些微的调整。由于使用透明矫正器可以在吃饭或刷牙的时候很自由地自行拆装，所以就算是在上班也可以毫无障碍地进行矫正。费用与治疗的期间会因个人的因素而有所不同，所以很难说出一个正确的数字。

如果抗拒去牙科诊所，事先多上几次才不会有刻骨的痛。

★★★★

**仲基** 口臭也会给人非常不好的印象吧。

**Dr. Ye** 蛀牙、牙龈、发炎、舌苔（舌头表面的白色物质）等，都会提供细菌可以活动的良好场所，而且也会诱发口腔疾病与口臭。所以必须要定期的访问牙医，通过洗牙及口腔健诊，来预防口腔疾病的发生。使用过久的假牙也会引发口臭，所以通过定期检查，必要的时候应该予以更换。

**仲基** 可以告诉我们一个预防口臭最简单的方法吗？

**Dr. Ye** 知道喝水对皮肤很好的道理吧？口腔的健康也是同样的道理。如果多喝水或是常常漱口，那么就可以防止口腔的干燥，进而可以防止口臭。而多吃一点黄瓜、胡萝卜、西红柿等水分充足的水果或蔬菜，也会很有帮助。

**仲基** 我在拍戏的时候比较常用漱口水，因为使用起来很方便，感觉也很有效果，不过因为有点刺激感，所以有时候会有一点担心。

**Dr. Ye** 在不方便刷牙的状况下，使用漱口水的确是一个好方法。因为就算只是简单地漱个口,也可以抑制细菌的活动。只是,如果连续使用一个月以上,那就不是很理想了。因为常驻在口腔里面的细菌如果消失的太多，反而会造成免疫力的下降，而且也有可能会增加细菌的抵抗力。

**仲基** 为了牙齿的健康，有哪些必须要遵守的事项呢?

**Dr. Ye** 把我今天说过的话做个整理就有答案了。牙齿需要日常生活中的管理以及定期前往牙科诊所去做保养。吃过饭之后一定要记得去刷牙，而且要多利用牙间刷或是牙线等口腔辅助器具来仔细地进行口腔清洁。最好每年拜访牙医 1 ～ 2 次，定期接受健康检查。而每 6 个月或是 1 年，洗一次牙会比较好。

**仲基** 可是我就是没办法适应牙科诊所……

**Dr. Ye** 我想多来几次应该就比较亲近了吧? 如果不想在牙科诊所留下刻骨之痛 (!)，那么就只好事先多上几次牙科诊所啰。

**仲基** 啊, 没想到时间过这么快! 最后请为我们这片土地上的美肤男提个建议吧!

**Dr. Ye** 因错误的饮食习惯而有偏食或是常摄取糖分多的食物，就会容易导致蛀牙以及牙龈的疾病而破坏口腔的健康。反正要记得多摄取水果与蔬菜，因为它们不只对皮肤很好，而且对健康也很棒哟!

PROJECT 7.
## Hair & Scalp Care

# 美肤男<br>关键<br>在发梢

美肤男也有分专业与业余的。

那最后 1% 的差别，关键点就是在发梢!

跟宋仲基一起变帅起来吧（Let's be handsome）

# 美肤男的
# 肩膀怎么会下雪呢？

会穿衣服的人应该都知道，一个人的时髦造型并不是在衣服，而是在鞋子。皮肤也有非常类同的公式，皮肤保养并不是在脸上，而是在发梢完成。这就是区别专业与业余的那1%之差别。

不只是脸蛋，就连全身上下都保养的非常整洁的男人，也常常会忘了保养头皮以及头发。那可能是因为没有考虑到头皮也是皮肤一部分的缘故；而且头发在保护我们隐藏起来的皮肤——头皮的同时，又担任着透过头皮而把体内的废弃物排放出来的重要任务，如果我们疏于保养，这未免太不像话了吧？！

我们仔细地想一想，全身上下接受那害人的紫外线最多的部位到底是在哪里？再说头皮因为也是皮肤，所以跟其他部位的皮肤一样有毛孔，一样会分泌油脂。而我们之所以不会那么去关心它，单纯的就是因为“我看不见”的缘故。但是换在别人的眼里，也会一样地看不见吗？

每当保养头皮与头发的时候，我就会想起一段丢脸的过去。

我在读中学的时候，为了头皮屑而吃过一阵苦。当时我每天跟同学们高兴地踢完足球，打过篮球之后，会把脸洗得非常干净。但是我的老天，我竟然没有好好地洗过头发。流了满头的大汗之后，回到家里也不洗个头，就这么倒头大睡到第二天早上，然后起床，洗把脸之后，就这么又到学校去。

明明会在油腻腻的头发上面散发出奇怪的味道，但是当时并没有任何人提醒我。我当时也没注意那么多，只是偶尔会闻到一阵异味的时候，傻傻地把它当成是“男子学校”固有的味道，而根本没想到那个味道的根源就是发自于我的头上。然后有一天，我在我的肩膀上发现了一层白霭霭的积雪……更雪上加霜的是，我们学校的校服颜色又是深紫色的，所以非常显眼。而我足足用了两个月的头皮屑治疗剂之后，肩膀上的积雪才总算是完全消失了。好哀伤的过去。

然后就这么过了几年，在拍电影“霜花店”的时候，我的头发又蒙难了一次。因为这部片子的背景是高丽时代，为了把头发塑造成完全往上扎的“史剧专用”发型，每天可是用了相当多的发蜡及定型喷雾，来把我的头发固定住。当时我的头发可说是硬到只要稍微一碰，就足以断掉的地步！就这样绑着“残忍的”发型，拍完戏也不好好地洗个头就跑去睡了。因为真的太累了……并不是只有我这样！大韩民国最美的花美男寅成大哥也是就这么睡的。反正当时这种日子就这么过了一个多月之后，我的头发就开始硬邦邦～“我的老天！”中学时期见过的雪花，突然又在我眼前出现了。每天就只会对脸仔细地清洗、保养，而竟然疏于呵护自己的头顶，真的是活该呀，活该！

电影「霜花店：朕的男人」拍片中

所以我认为头皮与头发的保养，就像是为皮肤保养而画龙点睛一样。一直以来努力地进行皮肤保养的你，高地就在眼前，如果在这里停下来那真的太可惜了。男子汉大丈夫一旦开始保养皮肤，那就要做个完整呀！来吧，我们现在就来开始进行头皮与头发的保养！！

仲基的魅力忠告（Charming Advice）

# 让发梢也一起亮丽起来吧！

Mission 1.

大部分的男人，都会等到头发已经脏到不行才会洗头发，而洗头发也只是洗到不会打结的程度就算结束，而鲜少有人认真地保养头发。又，如果头发出了问题，也只会对自己的头发稍加注意，殊不知头发会出问题，那是因为负责头发生长的头皮也出了问题的可能性很大。所以如果要进行头发保养，那就要先来了解头皮才行。

## PART 1 我们深藏起来的皮肤——头皮

头皮也属于我们皮肤的一部分，所以就像脸部以及身体其他部位的皮肤一样，头皮也会出现角质。头皮里面的角质，负责保护头皮不被紫外线晒伤，而且也能防止细菌的侵入。由于男人的头皮要比女人来得厚，而且皮脂分泌量也比较多，所以更容易引发皮肤方面的问题。在不了解自己头发以及头皮类型的状况下，随意地去使用头发的相关产品，也是招致问题发生的关键。而头皮与头发一旦出了问题，那可得花上好长的一段时间才能复原。所以，最好还是在受到伤害之前，能够先来预防比较妥当。我在此特别补充一下可能产生的恐怖后果……头皮的问题，可以延续成为掉发的问题！

## 你的头皮类型是?

为了让自己脱离头发直直落的“恐怖想象”，我们最先该做的就是检查一下自己的头皮类型。先用洗发水洗完头发过了 6 ～ 7 个小时之后，再来检查一下头皮的状态。

头发上面泛着油光，头发上面容易有味道，头皮感觉闷闷又黏黏的，不是很舒服。
→ 你是属于油性头皮!

→ 平时很容易痒，严重的时候感觉头皮是紧绷的，头发常常会有静电发生。
你是属于干性头皮!

## 根据头皮的类型，来选用洗发水

就像随着皮肤类型的不同，选用的化妆品应该不同一样，随着头皮类型的不同，选用的洗发水也应该不同。首先，属于油性的头皮应该使用不会造成很大的刺激又可以干净地洗涤油脂的产品；而属于干性的头皮则是要使用有保湿效果的产品。如果没什么特别痒的部位，也没有什么问题，皮脂分泌的又很适当。那就表示是非常健康的头皮，也可以说是到目前为止保养得宜，就依照目前的方式继续保养下去就行了。

**洗发水，这个不错！**

{ 仲基的选择 }

**威娜（WELLA）SP 活力洗发乳（System Professional Energy Shampoo）01**

无色透明的洗发乳。使用的时候头皮会感到一阵凉爽。可促进头皮内的血液循环，而防止头发的掉落。

**DHC 深层洁净洗发水（Scalp Cleansing Shampoo）02**

好像是用香味来洗头发似地，有一股清爽凉快的水果香。洗过之后的清凉感会维持好一阵子。而且也不会让头皮受到刺激而变红。

{ 黄主编的选择 }

**卡诗（KERASTASE）清新舒缓发浴（Dermo-Calm Bain Vital）03**

AHA 成分的洗涤因子，让头皮的刺激降到最低的同时，干净地洗净。由于成分里面也含有薄荷脑，所以在冲洗的时候不论水温的状态如何，都可以感觉到一阵凉爽。是为了头皮虽然敏感，但头发属于正常的人而生产的洗发水。

**SKEEN +每日丰润洗发水（Shampooing Riche Quotidien）04**

含有低刺激成分而适合敏感性头皮使用的洗发水。适合头皮上面有粉刺，或光是换用洗发水头皮就会出毛病的人士使用，是一个非常好的产品。

## PART2 用对洗发水，护发就成功了一半

在所有的皮肤保养阶段中，最基本而且最重要的阶段就是清洗干净。头皮与头发的保养也是如此，最需要费心注意的，就是洗头发。由于头皮上面的皮脂腺很多，所以会分泌很多的皮脂。再强调一次，皮脂也就是油分。从头皮冒出来的油分，会沿着头发慢慢流出来，而让全部的头发闪出油光。如果油分太多，就会很容易沾黏灰尘之类的污染物，这个道理现在应该懂了吧？既然会分泌皮脂，角质自然也会形成，而如果不适时地清除掉，当然也就会产生问题。所以一定要记得好好清洗干净。如果找到适合自己头皮的洗发水，使用得当，能把头发清洗干净，那保养也就已经成功了一半以上。

### ★ 洗头发的顺序

1. 在洗头发之前先轻轻地梳理一下
→因为这样会产生按摩的效果，有助于头皮的血液循环。使得营养成分与氧气能顺利地供给头皮，更能滋润头发。
2. 先用温水把头发沾湿，然后再冲洗一遍。
→在抹上洗发水之前，先把头发用水冲洗一遍，把灰尘以及老废物质清除掉。如果水太热，很容易制造出稻草般的头发！它会把头皮与头发上的油分全部带走。所以要记得，洗头发一定要使用温水。
3. 倒出适量的洗发水，然后搓揉出泡沫。
→洗头发最重要的关键，就是要使用适当量的洗发水。如果是短头发，(跟漫画《灌篮高手》里面重新振作而返回球队的三井寿差不多长。) 那就使用大约 1 百韩元大小的量就足够了。如果是按压型的洗发水，那就是按压一次的分量。由于每个人的头发都不一样长，所以只要以上述为基准，自行调整用量就行了。如果使用的量太多，洗发水有可能残留在头皮上，造成日后的问题。
4. 用洗发水的泡沫轻轻搓揉头发与头皮。
→洗头发的时候不要用指甲去抓，而是要用有指纹的指腹轻轻地搓揉。
5. 用流水一直冲洗到泡沫完全洗净为止。
→如果使用了过多塑造发型的产品，而无法一次就把老废物质洗干净，那最好把洗发水分成两次来用。第一次是为了把灰尘以及塑造发型的产品残留物清除，第二次则是用按摩的方式来清洗。
6. 用润发剂或是护发剂再洗一次头发，然后再用水冲掉。
→相关的内容会在后面详细说明。

7. 头发清洗干净之后，拍打似地用毛巾抖动着来擦拭头发。
→如果用搓揉的方式来擦，就会使头发的保护层断裂而容易造成分叉的情形。
8. 用吹风机把剩余的水汽吹干。
→用毛巾先把水汽大致擦干之后，用可以吹出冷风的吹风机（如果没有，改用电风扇吹也行）来把头发吹干。自然风干虽然会更好，但是如果头发处于湿漉漉的状态过久，很容易会繁殖细菌。所以最好尽快把头发吹干。

## 润发剂 VS. 护发剂

如果头发干燥到还会有静电，或是想要拥有更健康的头发，那就建议用完洗发水之后，再来使用润发剂或是护发剂。简单地说，润发剂就像是柔软剂加保护剂，而护发剂可以说是营养剂。

润发剂（Conditioner）就是我们常说的润丝。它可以均衡头发的 PH 值，也可以增加头发的柔软性，而且也会提供油分来滋润头发。不过润发剂也有覆盖的机能，所以为了不塞住毛孔，要尽量避免接触到头皮地抹在头发上，然后用清水冲干净。由于它是提供油分的产品，所以油性头皮的人并不需要使用。

护发剂（Treatment）如果头皮非常干燥，而且损伤的很严重，那么就建议使用护发剂。用洗发水洗过头发之后，先把水汽轻轻擦掉，然后均匀地抹在头发上。这时候也要注意，不要抹在头皮上。然后再用塑料浴帽或是毛巾，把头发罩起来闷个 10 分钟，然后再冲洗掉就行了。平常的时候一星期使用 1 ～ 2 次，冬季则是一星期使用 2 ～ 3 次就行了。如果头发真的伤得很严重，那每天使用也未尝不可。

## 用香皂来洗头发也行吗？

这跟洗脸是同样的道理。一般来说，由于香皂的洗涤力过于强烈，所以有可能会对头皮造成刺激。不过并不是所有的香皂使用起来都不好，也有一些香皂含有对头皮以及头发具有保护效果的成分。所以只要好好地搓出泡沫，冲洗干净，不让残留物留在头发上，那也就没什么不好。

用吹风机来吹干头发的时候，要尽可能地把吹风机拉远一点。因为根据研究报告指出，在小小的吹风机里面还会释放出不少的电子波呢。

## 护发剂，这个不错！

{ 仲基的选择 }

**卡诗（KERASTASE）头皮舒活精华（Concentre Bio-Recharge）01**

头皮专用的护发剂。会供给头皮上的毛囊营养与水分，进而提升防御能力的产品。可以消除发痒的症状，而且增加头发的弹性。

{ 黄主编的选择 }

**潘婷（PANTENE）时光修护单次用护发剂（Clinicare Hair Time Renewal Treatment）02**

在塑造发型的时候，触感会变得不一样。感觉上好像有一层一层的保护膜附在上头。而且它具有不会让头发扁塌下来的优点。

## 润发剂，这个不错！

{ 仲基的选择 }

**多芬（DOVE）深层保湿修护润发乳（Deep Moisture Therapy Rinse）03**

用在塌下来的头发上面，可以使头发不会那么干燥，而且也可以预防打结。产品里面含有的香味，十个有九个会爱上。冲洗完头发之后，香味会持续很久。

{ 黄主编的选择 }

**海飞丝（HEAD & SHOULDERS）完美修护润发乳（Hair Full Clinic Rinse）04**

既有去除头皮屑的效果，也可以减少头发上分泌的油脂。简单地说，就是不会让头发黏黏的。不过在使用润发乳的时候，最好不要直接接触到头皮。

## 头发，真的要天天洗吗？

油性头皮的人要每天，干性头皮的人最好每两天洗一次头发。当然在遇到流了很多汗水或是头发上抹了造型剂的日子，则是一定要清洗头发。如果就这么放置污垢在头发上倒头去睡，那么在睡觉的时候头皮与头发的状况会变得更糟糕。另外参加运动之类等的活动而一天要沐浴很多次的时候，用洗发水只要清洗其中一次，而其他时候则是用清水来轻轻地冲洗即可。如果太过于频繁地使用洗发水，则会刺激头发与头皮使其变得干燥。

## 梳头发，这样还不想用梳子吗？

只是用手随便理一理头发，而不想用梳子梳头发的男人，应该不在少数。但是用梳子来梳头发的功效，绝对不是只有梳理头发而已。

如果用梳子来梳头发，可以把夹在头发缝隙里面的灰尘与老废物质一起梳掉。同时也可以刺激头皮，来增加血液的循环，并且把头发上面的油分均匀地扩散开来，以增加头发的光泽。光是梳个头发就有这么多的功效，你真的还不想用梳子梳头发吗？不过梳头发的时候要注意的事项是，不可以梳的太用力。头皮要比想象中敏感多了，所以要像是在按摩一样，轻轻地梳理才行。在头发上抹了定型剂的时候，绝对不能使用梳子。因为这样不小心会把头发扯断，而且也会造成头发的损伤。

## 使用头发保湿剂

就像是洗过脸之后要使用保湿剂一样，洗完头发之后再涂上保湿剂，保养的效果才会比较好。而只要用吹风机吹过头发之后，再涂上头发保湿剂就行了。在使用护发专用的乳液或精华液的时候，只要倒出一点点，轻轻抹到发梢的部位就行了。保湿剂如果使用太多而抹到头皮，就有可能因为沾上油分而造成头皮方面的问题，所以务必要注意！而且既然要用，那最好使用有紫外线隔离效果的头发保湿剂会比较好。

光是梳个头发就有这么多功效，
你真的还不想用梳子梳头发吗？

## 头发保湿剂，这个不错！

{ 仲基的选择 }

**雅男士系列（LAB SERIES）强健发根滋养剂（Root Power Hair Tonic）01**

可以直接洒在头皮上来舒缓受到刺激的头皮，同时也可以防止干燥，并预防角质堆积在头皮上。除了薄荷之外，里面其他的成分也会给予头皮适当的刺激，来增进头皮的血液循环。

**威娜（WELLA）海洋深层保湿露（Biotouch Pure Aqua Essense）02**

把乳白色的精华液倒在手中，搓揉片刻之后就会变成透明的液体。利用双手均匀地抹在全部的头发上，水分就可以达到深层，而使湿润的感觉得以持久。适合头发干燥而不太容易成型的时候使用。

{ 黄主编的选择 }

**多芬（DOVE）深层滋润保湿修护喷雾剂（Deep Moisture Therapy Treatment Mist）03**

发现已经造完型的头发有些干燥的时候喷洒上去，就可以使头发重现光泽而且可以保湿。在洗完头发之后用毛巾拍干头发的时候使用，就可以防止在用吹风机吹头发的时候造成头发的损失。

**潘婷（PANTENE）时光损伤防卷发修护膜（Clinicare Frizz Defense）04**

涂抹在头发上的时候，一直会散发出宜人香味的护发膜。可以立即看得到头发恢复健康之后，由微卷的状态慢慢变直的成效。

## 一目了然的头发保养顺序 *

梳理头发→洗发水→（护发剂）→（润发剂）→毛巾拍干→吹风机→（护发精华液或护发乳液）

# PART 3 这该死的头皮屑

经历过那段见不得人的过去之后，我虽然已经跟头皮屑分手很久了，但是由于我的头皮就像我脸部的皮肤一样很容易干燥，所以在一种预防的心态下,我偶尔也会使用可以去除头皮屑的洗发水。想想在这种高画质影像的时代，如果我的头皮屑随着电视台节目的播出一起传送出去? 啊，那太恐怖了。

## 头皮屑为什么会出现呢?

头皮屑是最具有代表性的头皮问题，而其中最主要的原因就是皮脂分泌过多！！而皮脂这家伙分泌不足也是问题，分泌太多也是问题，它还真是个让人感到头痛的存在。而荷尔蒙的不均衡、霉菌的过多繁殖，也是导致头皮屑的原因。另外，便秘、肠胃病、洗发水的残余物、压力等等，也都会成为头皮屑出现的原因。

## 像白色的粉末在飞扬，是属于干性头皮屑

就像脸上出现的角质一样，起一层白白的粉末，或是像雪花一样掉落在肩膀上的头皮屑，就是干性头皮屑。这是因为洗发水用得太多，使头皮容易变得干燥而出现的头皮屑。当然，残留在头皮上的洗发水，也有可能是主要原因之一。这时应该使用干性头皮专用的洗发水，而大约两天洗一次头发就行了。除了洗发水之外，也要周期性地使用润发乳之类的产品，来充分地补充蛋白质。并且辅助使用保湿效果非常好的护发油或是护发精华液，功效才会更快。

## 黄黄又黏黏的，是属于油性头皮屑

头皮上的皮脂分泌过多是主因的油性头皮屑，颜色会显得泛黄而且又很黏稠。这可能是因为摄取的食物太油，或是压力太大而造成的。在这种情况下，用洗发水来把头发好好洗干净，就是最好的处方。而如果太用力地去抓头皮，很可能会出现伤口而发展成为脂漏性皮炎，所以务必要轻柔地来洗头发。

## 头皮屑很严重的时候

身为一个过来人……优先推荐的是使用仁山利舒（Nizoral）之类的专门药品来治疗。如果通过镜子可以清楚地看到堆积的头皮屑，那么用这个方法才是最有效的。不过如果头皮比较敏感而不太敢用药品治疗，或是头皮屑的情况不是那么的严重，那使用治头皮屑的洗发水来洗头，才是次之的方法。由于头皮流出汗水之后，会与空气中的灰尘、皮脂、头发造型剂，以及洗发水的残留物相结合，而使头皮屑菌的繁殖变得活跃，所以每天一定要用洗发水来洗一次头发。

在睡前洗头发的时候，一定要先把头发完全擦干。否则头皮的角质层就会受损，而且很容易出现头皮屑。

## 治头皮屑用洗发水，很毒?

因为使用了治头皮屑专用的洗发水，虽然解决了头皮屑的烦恼，但却可能又有人开始担心头发变得比较粗糙（感觉上）的问题了。而且有人说，治疗头皮屑专用的洗发水，要比一般的洗发水来得毒，这是真的吗?

事实上，对头皮的洗涤力比较强的治头皮屑专用洗发水，的确会导致头发比较干糙。不过治头皮屑专用洗发水的强烈洗涤力，会把头皮上的头皮屑与异物柔和地去除掉，而且又会适度地补充水分来防止头皮的干燥，所以会让头皮变得更为健康。也就是说，虽然的确会让头发变得有那么一点干糙，但并不会因此而对头发造成伤害，所以不用担心。

### 治头皮屑用洗发水，这个不错!

**海飞丝（HEAD & SHOULDERS）舒缓头皮去屑洗发水（Soothing Scalp Care Shampoo）01**

因为头皮屑的问题而感到烦恼的时候，最省钱的解决方式就是去选购海飞丝洗发水来用。这是加强了舒缓头皮的效果，而且把过去会造成一些刺激的缺点改善之后，重新研发上市的产品。

{ 黄主编的选择 }

**Label.m 深层清洁洗发乳（Deep Cleansing Shampoo）02**

使用麦子及豆子类的天然成分，把头皮上面的油分及老废物质可以干净地清除掉的洗发水。与其想成具有可以杀掉头皮屑菌的功效，不如理解为具有可以清理头皮的去除角质功效比较好。

# PART4 黏成一堆的头发，容易招致掉发

光是想象，就会让人感到恐怖的掉发！事实上比起皱纹，掉发会让男人感到更恐怖。掉发虽然跟遗传也有关系，但是根据调查报告显示，如果平时用正确的方法进行头皮保养，那么也就可以充分地防止掉发。所以啦，各位兄弟，你就快点来倾耳聆听吧！

## 这种情形是一定要阻止的

只要一洗头，头发就会一直掉，所以在担心掉发的情况下，就不怎么敢去洗头了。我之前遇到过有这种想法的人，不过这种想法绝对不可取！因为预防掉发最基本的方法，就是维持头皮的清洁。

男人们几乎每天往头发上面抹的定型剂，是威胁头皮健康的主要因素。因为头发定型剂有可能塞住头皮的毛孔，所以男人们在洗头发的时候要更加注意。记得在抹过头发定型剂的日子，睡前务必要用洗发水先把头发洗干净。否则倒头就睡而招致掉发，那我也真帮不了忙了～

### 防止掉发的产品，这个不错！

{ 仲基的选择 }

**海飞丝（HEAD & SHOULDERS）头发头皮按摩霜（Hair Full Clinic Scalp Massage Cream）01**

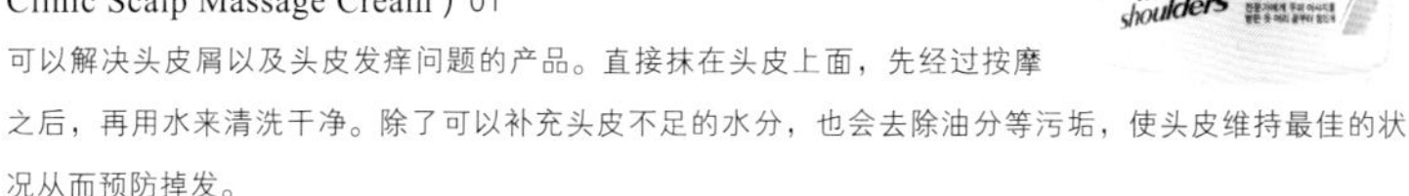

可以解决头皮屑以及头皮发痒问题的产品。直接抹在头皮上面，先经过按摩之后，再用水来清洗干净。除了可以补充头皮不足的水分，也会去除油分等污垢，使头皮维持最佳的状况从而预防掉发。

{ 黄主编的选择 }

**薇姿男士系列（VICHY HOMME）AMINEXIL 防掉发能量喷雾剂（Dercos Aminexil Energy Spray）02**

含有可以把围绕在毛根周围的角质蛋白纤维变得柔软，而防止毛根变硬的 AMINEXIL 成分。使用后半个月左右，光从沾在毛巾上面的落发数量，就可以感觉到该产品的确具有非常良好的防止掉发功效。

黄主编的修饰忠告（Grooming Advice）

# 适合我个人的发型 Mission 2.

认真地做过头皮以及头发的保养之后，现在该用塑造发型来做帅气的结尾了。在这一章节里面有提到我个人的趣向，以及以专业发型设计师的身份为读者朋友们所做的建议，所以敬请倾耳聆听，并予以参考。不过要先记得一件事情，那就是再怎么帅气的头发造型，也要跟自己的脸型符合才行。

## PART 1 多利用头发定型剂

### 头发定型剂的种类

先来简单地了解一下可以帮助我们进行头发定型作业的产品，再来进行说明。事实上也就只有使用方法以及质感方面的不同而已，而产品之间其实并没有什么太大的差异。

发蜡 / 目前最受欢迎的头发定型剂，当然就是发蜡。既不会黏腻，持续力又比较久，是任何人都可以无负担地拿来使用的产品种类。而从亮光发蜡、水性蜡、柔性蜡等质感以及光泽程度不同的产品种类中，挑选一个自己喜好的来使用就行了。不管是挑选哪一种发蜡，抹在头发上面之后并不会完全固定住，所以也可以很方便地来改变发型。

How to use → 先用吹风机大致上吹出自己想要的发型之后，把发蜡先抹在手上然后再抹到头发上。在抹发蜡的时候，捏、放着头发做出高低起伏的同时，用手指抚摸着头发塑造出自己想要的发型。如果一下子抹太多在头发上，发蜡就有可能会凝结在一起，所以一点点小量地使用才是重点!

发胶 / 可以把头发湿漉漉地保护起来的定型剂，固定力非常之强。可以长时间保持头发的造型，而且头发也显得有光泽。头发比较粗的人拿来使用，则更为有效。

How to use → 使用的方式跟发蜡一样，先抹在手上，然后再抹到头发上，塑造出自己想要的发型。不只是头发湿的时候可以使用，干了之后也可以使用，所以使用非常方便。

摩丝 / 泡沫状的定型剂产品。固定力良好，很适合塑造高低起伏丰富的发型时使用。有完全感觉不到黏腻感的柔软型以及持续力比较强的强力型。是头发比较短或是比较稀疏的人特别适合使用的产品种类。

How to use → 在使用摩丝之前，先摇晃容器，把里面的内容物充分地搅匀。然后按下按钮把摩丝往手上挤出适当的量之后，抹在全部的头发上，然后再用手指头塑造出自己想要的发型。等抹完头发之后再用吹风机稍微吹干，再往发根的方向梳一梳，就更能显得出高低起伏的波浪感。

喷雾剂 / 可以用来喷洒的定型剂产品，最大的优点是很快就会干。就算湿气比较重或是风吹得比较大，也可以维持头发的发型。

How to use → 先用发蜡或是发胶之类的产品塑造出发型之后，最后再来固定的时候常被拿来使用。不过如果喷洒的时候距离太近，头发就有可能会凝结在一起，所以要拉开 15 ~ 30 cm 的距离之后再来喷洒，尤其要注意不可以喷洒到眼里!

## 购买产品的时候要注意的事项

如果用错了头发造型产品，那还真不如不要用。所以在选购产品的时候，一定要注意下列事项：

容易洗得掉吗? 如果洗头发的时候，要用 2 次才洗得掉的产品，就不要买。这种产品用过之后绝对会造成掉发，而且也会造成头皮的问题。就算香味、固定力、价位等再怎么吸引人，也不要去看这样的产品一眼。

光泽要到什么程度? 如果喜欢闪闪发亮的光泽，那就使用会有光泽的发胶或是发蜡。不过最好尽量避开那些可以让头发发亮的产品，因为会使头发发出光泽的产品，大都会把头发凝结在一起，而很难去帮头发造型。虽然固定力卓越是它们的优点，但维持的时间会比较短。

## 头发定型产品，这个不错！

### { 仲基的选择 }

**巴黎欧莱雅专业（L'OREAL PROFESSIONNEL PARIS）定型胶（A Head Glue）** 01

具有强烈固定力的定型胶。虽然会发出比湿润的感觉还要强一点的光泽，但是抹在头发上之后像是拍掉水汽一样拍一拍，光泽就会消失一些。固定力强归强，但是用洗发水清洗的时候很快就能洗干净，则是它的优点。

**莎贝之圣专业系列（SEBASTIAN PROFESSIONAL）塑发泥（Craft Clay）** 02

固定力非常强烈。只限短发的时候使用。由于含有些许油分，所以如果用量调整不当，则很容易像是“年糕”一样粘在一起，所以务必要注意。洗头发的时候就算用洗发水也很难洗干净。风大的日子，可以使用这一款的塑发泥。

### { 黄主编的选择 }

**肯梦男士系列（AVEDA MEN）纯型造型泥（Pure-Formance Grooming Clay）** 03

虽然固定力不算是最强的，但是塑造出自己想要的发型应该不会很难，而且也很容易用洗发水洗干净。虽然没什么光泽，但想要塑造出自然一点的感觉时，非常适合拿来使用。

**GLAMPALM 前卫造型烫（Stylerush）** 04

非常适合把短头发卷起来或是拉直的小型烫发器。由于大小也在一掌之内，所以想要把前面的头发卷起来或是把后面的头发烫起来以及把旁边的鬓毛拉直的时候，是非常方便使用的产品。

**巴黎欧莱雅专业（L'OREAL PROFESSIONNEL PARIS）玩球系列的叛力球（Play Ball Deviation Paste）**

杏仁的香味真的很棒。不会闪亮太过头的光泽也很适当。固定力虽然不是很强，但足以对男人的短头发予以定型。非常适合塑造刺猬头发型的产品。就算不用洗发水，用水也可以洗得很干净。

01 02 03 04 05

## 长型脸

如果是长型脸，那么就适合短一点的发型，这是最基本的常识。而如果想要遮住长长的脸而故意留长头发，那反而会显得脸更长。而如果刻意去剪个运动员发型，反而会呈现出反效果。建议把前面的头发留成刘海而遮住上额，而整个轮廓剪成混圆的发型。比起固定力强烈的发蜡，不如喷一点喷雾剂来稍微定型就行了。

## 圆型脸

需要制造出一些可以分散视线的要素。如果没有鬓毛，则建议把两侧的头发留长而不让头发分散；后面的头发也不建议剪短而留长一点会比较好。分线则不建议中分而采取不对称的分线会比较好。

## 方型脸

反正要避开运动员发型就对了。因为就算耳目口鼻长得再怎样英俊，如果留个短头发，看起来就像是个萝卜泡菜一样方整。如果头发的长度，已经留到了足以遮住脸型的地步，那就不用刻意去烫出大波浪，而自然地让头发垂下来遮住脸就行了。如果是短头发，那就适合把头发推向一边而竖起来。想成是 2002 年世界杯足球赛的时候贝克汉留的发型的变化版，应该就比较容易懂了。就是把往中间堆起来的贝克汉发型，往旁边推到自己想要的角度就对了。这时候的重点是，头发上面不可以有光泽。可利用塑发泥或是喷雾剂，定型的时候不要出现光泽，这样看起来才不像是特别塑造过。

## 尖下巴

尽量不要去分线而使下巴更为突出。因为无论是对称还是不对称的分线，都会使下巴看起来更为明显。这种的脸型适合用力把头发捏起来之后，拉向好几个不同的方向。这时候的重点是，要把两边的头发压扁！在用吹风机吹头发的时候就先用力压一压，然后再上发蜡的时候用手掌顺一顺，头发就会被压平了。而上面的头发则是先用喷雾剂喷一下，把头发变得较为有力之后，把固定力比较强的发蜡抹在手掌上搓匀之后，像是捏头发似的把发蜡抹在头发上。最后再用手指头拉出想要的发型，就算大功告成了。

## PART 3 依头发的状态而塑造不同的造型

### 又硬又粗的头发＆茂密的头发

虽然头发短的时候比较容易定型，但是稍微留长一点就会显得杂乱的类型。需要使用护发剂或是润发剂，先把头发的硬度予以软化。然后再使用没有光泽的发蜡，均匀地抹在全部头发上，然后塑造出自己想要的发型。这时候一定要选用容易被洗发水洗净的发蜡。因为如果发型定不太下来，就要继续使用发蜡，而使发蜡的用量相当可观。这时如果选用的发蜡不容易洗掉，可不要忘了会招致头皮发生问题。

### 又细又软的头发＆稀疏的头发

要把头发膨开来，才会感觉有力的类型。这时候可以选择去烫头发或是剪头发的时候剪出有层次的发型就行了。洗头发的时候应该选用可以使头发蓬松的产品，而在定型的时候先喷上一层喷雾剂，然后再抹上发蜡或是发胶。先喷在头发上的喷雾剂，会给予头发足以抵抗风吹的力量。

我的头发就是属于又细又没有力量的类型。由于就算用吹风机吹过，头发还是会马上塌下来，所以会先想办法让头发膨起来。唯有如此，开始拍片的时候头发才会适度地塌下来。

## 卷曲的头发

讨厌头发卷卷的，就算烫平了那也只是片刻而已。与其每次到美容院把头发烫平，还不如运用自己天生的卷发来造型，才是比较聪明的方法。而且也不会逊色到哪里去。这首先要先分析出自己头发的卷曲的类别，然后找出可以充分利用自己卷发的发型之后，先把头发好好地吹干。而在开始剪发之前，就考虑清楚自己想要的发型然后再剪。如果不是自己亲自动手的话，这时唯一的方法，就是要跟美容师充分地沟通清楚之后，再来剪头发！

除了自己的脸型、头发类型之外，也要考虑自己平常喜欢穿的服装造型、社会地位，来塑造自己的发型。比起穿着的服装，更要考虑TPO（时间、地点、场合）来塑造自己的形象，才会被别人称为有品味。

## PART4 因状况而可以塑造的快速造型

睡觉起来发现头发被压扁了！→用水稍微沾湿一下之后，用水性的发蜡抹在头发上，先塑造出大致上想要的模样，然后再用喷雾剂来定型，就好了。

头发整个膨起来了！→用吹风机吹向发根的地方，然后用手用力压下去。之后，再用固定力很强的发胶来收尾即可。

想要塑造时髦的波浪！→把头发轻轻抬高之后，用吹风机吹向头皮以及发根的地方。然后再利用发胶，塑造出自己想要的发型。

想要拥有自然的造型！→抹一点发蜡在头发上，朝向自己喜欢的方向梳一梳，就好喽！很简单吧~

仲基的会诊报告（Clinic Report）

# 如果头发生病了，也得去医院呢

头皮如果发生问题，那要去哪一家医院呢？这虽然只是一个很简单的问题，但很意外，许多人却没有办法立刻答得出来。既然头皮也是皮肤，那当然就该去看皮肤科了。所以我就朝向以治疗脱发出名的TOP整形外科出动！打扰郑成一院长，然后将得到的珍贵情报完整地公开出来。仲基的会诊报告系列完结篇，现在立即开封！咚咚～

## 已经开始的脱发，还来得及治疗吗？

★

**仲基** 诊所记者宋仲基！因为对头皮与头发有一些问题，所以就跑来打搅你了！

**Dr. Top** 好的，请尽量。^^

**仲基** 就先从烫手山芋——脱发的问题开始好了。也不知道是不是我最近比较费神，头发掉得异常之凶。这是否就是脱发呢？我还真的很担心呢。

**Dr. Top** 一个人每天都会掉80～100根头发。这都算是很正常。

**仲基** 可是我们又不可能一一去算……有没有什么比较简单的诊断方法呢？

**Dr. Top** 那么就这样试一下。用手轻轻地拔一下头发，如果有3～4根很轻易地掉下来，那就要怀疑是不是有脱发的问题了。

**仲基** 吓！如果真的会如此呢？？！！

**Dr. Top** 那么就该使用脱发专用的洗发水，或是护发安瓶，来延缓脱发的速度。而如果这种情形已经持续了3～4个月，也就是说，落发的问题已经严重到用肉眼都可以看得出来的地步，那就该到医院接受治疗了。

**仲基** 有关脱发的问题，一般都只是在强调预防。如果脱发已经开始，那还来得及接受治疗吗？

Dr. Top　那当然，只要接受治疗的时间还算早，绝对来得及挽救脱发的问题。只不过很可惜的是，有很多人是因为影响形象，才开始接受脱发的治疗。但脱发的确是一种疾病，所以要及早接受治疗。有许多人是因为担心自己的外貌，蹉跎了太长的时间之后错过了可以接受治疗的时机。脱发的问题，除了来自遗传，或是因为压力而造成的之外，也有可能是因为疾病、药物损伤、营业不良、荷尔蒙、外部环境、动脉硬化、头皮及发根损伤等问题而使然。所以如果怀疑自己有脱发的问题，应该立刻去挂号就诊，然后接受适合自己的治疗方式。如果发现的时机还算早，就接受药物治疗来使头发增生；如果发现的时机较晚而脱发的范围较广，那就同时进行毛发移植来改善问题。

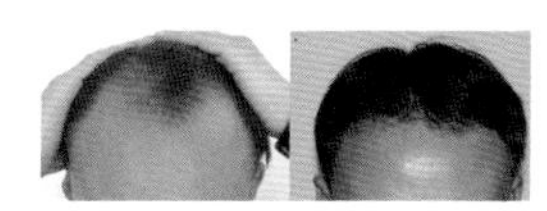
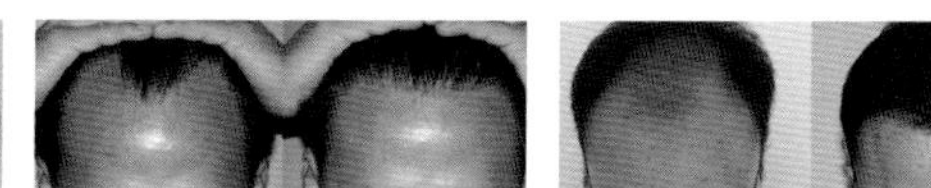
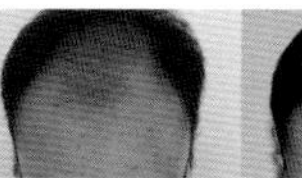
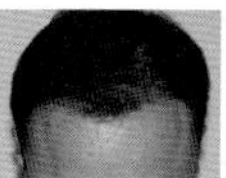

毛发移植前后的照片

**仲基**　一般大众比较着重于预防脱发的问题，针对于此，请问医师有没有什么可以奉劝大家的话?

Dr. Top　应该有许多人是在早上洗头发的。不过我倒是想建议这些人，应该把洗头发的习惯改成晚上。因为一天下来除了造型的时候抹在头发上面的残留物、日常生活中沾抹在头发上面的灰尘、汗水，以及分泌了一天的皮脂等等，如果任这些物质留在头发上面睡着，再怎么样也都会为头皮带来不好的影响。

头发也应该要抗老

★★

**仲基**　话说回来，我那还没娶老婆的经纪人大哥，最近因为长出了不少的白头发而感到烦恼。人为什么会长出白头发呢?

Dr. Top　如果头发里面的黑色素流失，头发就会变成白色了。人体慢慢老化之后，皮肤细胞无法把黑色素传达到头发上，白头发就会出现了。这也就是所谓的头发老化现象。

**仲基**　啊！那就是说我家经纪人大哥的头发已经变老了！他可是有一张比实际年龄看起来要年轻许多的娃娃脸呢……

Dr. Top 像经纪人这种职业的人，应该不是老化，可能是少年白的原因会比较大。而造成少年白的主要原因，是来自于环境的因素。忙碌的日常生活以及业务压力比较大的时候，少年白的情况就会更加严重。而年纪轻轻就会出现的少年白，则80～90%来自于遗传。

**仲基** 嘿—^^。

**仲基** 啊哈！原来头皮与头发也都会老化。这种理所当然的问题，我之前都没想到呢。

Dr. Top 如果想要维持头皮与头发的年轻，那么饮食管理也非常重要。对身体健康有帮助的食品，应该不用我在这里一一细说：黑豆、黑芝麻、黑米、芦荟等，对防止白头发的形成会有显著的帮助，所以应该要多多食用。

有关除毛手术与狐臭的问题

★★★

**仲基** 除了头发之外，也可以问其他部位的体毛问题吗?

Dr. Top 当然!

**仲基** 我的朋友里面，有一个因为体毛太多而感到烦恼的家伙。他说看起来感觉很土，虽然我看起来并不会，但是他却一直很在乎。不过身为一个男人，又不能像女人一样进行除毛手术，那么是否可以进行减少毛发的除毛手术呢?

Dr. Top 留有一身茂密的毛发，就象征男子汉的时代也早已经过去了。再加上露肉的服装开始盛行之后，接受除毛手术的男人们也有开始增加的趋势。而从小腿开始，无论是胡须、胸毛、腋毛，甚至连阴毛，只要是身体有长出毛发的部位，任何地方都可以进行除毛手术。但是如果想要完全根除，光靠一次手术是无法完成的。而如果想要进行减少毛发的除毛手术，那只要依照自己想要的程度，调整手术的次数就行了。

**仲基** 费用大概是多少呢?

Dr. Top 这会随着手术的部位以及方法，手术的费用也会跟着不同。所谓的除毛手术，就是利用镭射来破坏毛发中黑色素，进而达到除毛的目的。这会随着皮肤与毛发的状态，以及镭射的种类与强度，价位也会有所不同。一般来说，腋下、胡须、手臂、腿等的部位，一次大约需要5万韩元

（约合人民币 270 元），而进行 5 次左右，皮肤就会变得非常光滑和干净。如果要进行永久除毛，就大约需要 30 万韩元上下（约合人民币 1600 元）。

**仲基** 如果进行永久除毛，以后就不会在同一部位再长出毛发了吧？

**Dr. Top** 并不是这样，在进行永久除毛手术之后的 2～3 年，在动过手术的部位不会长出毛发。但是就算之后再长出毛发，也会从绒毛的阶段开始长起，所以整理上还是有达到减少毛发的功效。

**仲基** 有很多人利用刮胡刀、小镊子、蜜蜡等的方式来进行除毛，那么这些方法与除毛手术又有什么差异呢？

**Dr. Top** 自己直接来进行除毛的方法，有每个星期要必须要进行 1～2 次的缺点。一般在居家环境中进行时，因为无法彻底地管理好卫生，会有皮肤感染的问题。而且在重复进行的状况下，也会出现色素沉淀的现象。所以如果不想造成皮肤的损伤，又要防止毛囊的破坏，那最好还是接受除毛手术。

**仲基** 我对狐臭手术也感到很好奇。你可千万不要误会……你知道我发问的问题，是站在许多的男人们的立场在向你讨教的吧？

**Dr. Top** 仲基先生该不会吧？ 其实男人会比女人容易因为狐臭的问题而感到烦恼。如果状况严重到无法用沐浴以及除臭剂来解决，那就应该到医院去接受治疗了。可以用药物来进行治疗，也可以用汗腺吸除手术来进行治疗。根据症状的不同，手费的费用大约也会在 150～300 万韩元之间（约合人民币 8100 元～16100 元）。

### 为男人头皮的保养疗程

★★★★

**仲基** 重新再回到头发的问题上。因为太过频繁地染发以及烫发，使头发受到损害的时候，是应该去美容院呢，还是要去皮肤科呢？

**Dr. Top** 如果只是轻微的受损，那就去美容院接受可以使头发表皮层再生的保养即可。但是如果已经严重到不能只是用保养的方法达到再生，那就必须要到医院去接受头发的“表皮层再生保养术”。这是一种可以把保护头发的蛋白质以及水分，供给到头发上而恢复头发表皮层健康的手术。而最好接受 5 次以上的手术治疗，费用是 15 万韩元（约合人民币 800 元）。

**仲基** 有头皮屑的问题也要去医院治疗吗？

Dr. Top 大部分的头皮屑，都可以用治头皮屑的洗发水来治好。只不过如果长期使用，就会使头发变得干燥，所以必要的时候还是要去医院接受治疗比较好。而如果是伴随着发炎症状的头皮屑，那就必须要去医院接受治疗了。

**仲基** 我听说头皮也可以像皮肤保养一样接受保养呢？

Dr. Top 那当然。自从“修饰（Grooming）”成为一种趋势之后，专为男人规划的头皮保养疗程就如雨后春笋一般不断增加。而我们诊所也为了男士们，特别规划了头皮再生、防止脱发、头发再生治疗等的“男士保养疗程项目”，而深受上班族的欢迎。尤其因为出差等的问题，面临的环境变化比较频繁的时候，皮肤的生理也会容易被打乱。所以只要周期性地来接受皮肤保养，就可以很自然地塑造各种不同的风格。费用会随着自己选择的保养内容而会有所不同。

**仲基** 在那里面最受欢迎的保养措施是哪一项呢？

Dr. Top 为了脱发比较严重的人设计的头皮保养术，及注射药物的美塑疗法，反应最为热络。头皮保养术是把头皮上的老废物去除，以期增加营养吸收力为目的的手术。每一次的费用是 10 万韩元（约合人民币 540 元）。而美塑疗法是混合对头皮非常良好的 3～4 种药物，来注入到头皮里面的疗法。不过 1 次不可能立即见效，而整个疗程要接受 10 次左右的治疗。每一次的费用是 15 万韩元（约合人民币 800 元）。

**仲基** 最后有什么建议事项呢？

Dr. Top 仲基先生应该也清楚，其实头皮与头发的保养，跟一般的皮肤保养方式没有什么太大的不同。而毛发与头皮也需要供给足够的水分，所以最好养成常喝水的习惯。同时也要经过常常的清洁、运动、治疗等方式，来不停地进行保养才行。

**仲基** 一听到清洁，我的头皮立刻就开始发痒了呢。既然都已经来了，我也来接受一次头皮保养的治疗好了！

“现在就连头皮上的角质都去掉而变亮丽起来的我们，感觉计划完成就在眼前了吧？！”

questions don t

PROJECT 8.
Make-up

# 可以变得更帅一点的方法

只要运用一点技巧，就可以成为让任何人都会产生好感的美肤男。要不要试试看？

跟宋仲基一起变帅起来吧（Let's be handsome）

# 男人，以及化彩妆

光看到标题，就一定会有人心想："男人还化什么彩妆啊？"事实上到目前为止，光只是进行皮肤保养，就有一大票男人感到害臊了，如果又要他们来化彩妆，那么一定会把拒绝的"规格"大大地提升。如果说为了要拍片，或是婚纱摄影的时候化彩妆，那倒没什么大不了，但是要一个大男人在日常生活中化彩妆，那真的就会感到负担了。

不过我在这里提到的化彩妆，并不像是跟女人一样"为了变漂亮"，而是为了要"遮掩自己的瑕疵"。把暗沉的皮肤变得明亮一点，把下垂的黑眼袋遮掩起来，再把挤青春痘之后留下来的疤痕稍微掩饰一下，成为让任何人看了都会产生好感的美肤男。明明会有更好的效果，却只因为一个"我是男人"的理由而不去化彩妆，难道真的是个明智之举吗？与其掩耳过着"粗俗男人！"的日子，为了过着美好的日子而善于运用化彩妆这个"武器"的男人，是不是更帅气一点呢？

不久之前，我认识的一位大哥快要结婚了。但是面临即将拍摄的婚纱摄影，他完全没有进行任何皮肤保养的动作。别说什么保养，就连收敛水他都从来没用过。到他家里一看，根本也看不到任何一瓶乳液。"大哥，就快要拍摄婚纱摄影了！你都不做皮肤保养吗？""听说他们都会帮忙化妆，反正，交给那些专家处理应该没什么问题啦。"

我的老天！于是我立刻拖着那位大哥来到皮肤诊所，让他紧紧地握住了皮肤清洁保养券。为了能让我这位大哥，在他一生中最重要的日子，成

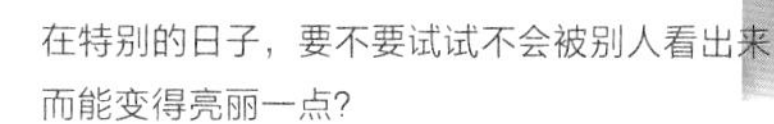
在特别的日子，要不要试试不会被别人看出来，而能变得亮丽一点？

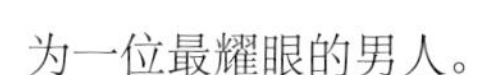
为一位最耀眼的男人。

在我周边一些面临结婚的大哥们，也常常都会有雷同的想法。“化妆之后皮肤就会变柔软了吧。”“结婚典礼前几天去做个脸部按摩不就好了。”然后就这么放置皮肤而不顾。但是皮肤必须要在几个月之前就开始持续地保养，并不会因为在结婚典礼前忽然做个保养，结婚当天厚厚的上一层粉，就会招来什么好结果。因为上完妆以后整张脸白白地浮起来，看起来一点都不帅气，而只显得土味十足，这样的新郎官我可真的是见多了呢。

不过一定要记得，化彩妆只是次要选择。刚开始进行皮肤保养而状态并不稳定却要参加给人印象良好的场合，使用皮肤保养产品而想要把还没完全改善的瑕疵与小小的疤痕遮掩起来，身体状况并不很好却要参加重要的场合，在这些时候就非常适合稍微化个彩妆。不过如果平常放任皮肤，情急之下才像是要灭火一般地往脸上化彩妆，非但不会解决问题，反而还会出现反效果！

所以比化彩妆更重要的，仍然是每天持续地进行皮肤保养。唯有如此，才能在最需要化彩妆的时候适时发挥效果。临阵磨枪比不上平时不间断的预习与复习的道理，一定要好好记得。

仲基的魅力忠告（Charming Advice）

# 用化妆来带给别人更好的印象

Mission 1.

我到目前为止最满意的妆，就是在拍连续剧《三周跳》扮演“风宇”时候上的彩妆。如果还记得我当时那个角色的人，一定会说：“别扯了，那算什么彩妆啊？根本就没上什么颜色吗！”是的，当时想要的效果，就是“不像化妆的彩妆”。为了要演活风宇这个纯朴的角色，一定要化出一个就像是完全没化过彩妆的妆。就因为如此，也成为了我最满意的妆。^^

看不出有化过彩妆的痕迹，可以把原来皮肤的感觉完全带出来而显得很自然的妆，这就是我最喜欢的妆。而且我也打算要把化这个彩妆的心法传授给各位。或许有些人在还没开始进行之前就已经感到头痛了，但不要担心！反正男人可以上的彩妆也就只有几种，所以学起来并不会有多难。

# STEP 1 把看得到的瑕疵，变为亮丽而不见！
Base Make up（基础化妆）

涂上与皮肤颜色接近的化妆品，而达到使皮肤的状况看起来很健康的效果；或是涂上比皮肤颜色稍微亮一点的颜色，而使暗沉的皮肤看起来变为亮丽一点的彩妆，就是所谓的基础化妆（Base Make up）。这本来是上彩妆之前先整理皮肤状态的基础阶段，但是自“裸妆”开始流行之后，最近有许多女人也开始省略化彩妆，而只进行基础化妆而已。

## 化彩妆之前必须要做的皮肤整理

在化彩妆之前，对皮脂的调整要特别费心才行。首先，要在化妆棉上面蘸上化妆水之后把角质干净地去除。因为角质正是会让化妆品浮起来的元凶。（在这里暂停！所谓的化妆品会浮起来，是指因为角质与油分的原因，使化妆品无法紧密地贴在皮肤上，而产生脱妆的情形。）

接下来要充分地补充水分。否则，被化妆品覆盖住的皮肤就会容易变得干燥。保湿的程度大概用乳液就行了，如果太担心皮肤干燥而使用油分含量过高的乳霜，那么找来再怎么优秀的化妆造型师，也因为皮肤太油而无法上妆。如果势必要涂抹乳霜才放心，那么建议使用油分含量不是很高的乳霜。然后在上妆之前，也要留一点时间给皮肤来吸收基础皮肤保养品。

## 修补皮肤的状况

一般在基础化妆的时候，都会先涂上一层“化妆底霜”，而这时改用BB霜或是亮彩乳液来替代也无妨。不过在选用产品的时候，不要特别区分女子用、男子用，而只要适合自己的肤色就行了。

粉底霜（Make up Base）/一般简称为“Base”。有分绿色、紫色、黄色等多种颜色，这主要是为了要修补各种的肤色。一般来说，红色的肤色适合用绿色的Base，暗沉的肤色适合用黄色的Base，泛黄的肤色适合用紫色的Base。不过不会因为脸上涂上了绿色或紫色，脸色就会变得像是怪物史莱克或是茄子，所以不需要太过于担心！虽然女人会先用Base来修补皮肤的状况，然后继续在上面化彩妆，但是男人只需要经过Base，就能给别人非常清净的形象。

BB 霜或是亮彩乳液 / 比涂化妆底霜的遮掩力来得更好，保湿效果也更强的产品，市面上非常之多。如果说涂化妆底霜是为了要调整皮肤的色泽，那么涂 BB 霜或是亮彩乳液则是为了要调整皮肤的亮度。如果想要在遮掩皮肤瑕疵的同时，又要修补皮肤的状态，那就建议使用这类产品。

★ 使用的方法

1. 洗过脸之后先涂上化妆水、保湿剂以及防晒霜。
2. 倒出比 10 韩元铜板小一点的量在手背上，然后在额头、两脸颊、鼻子、人中、下巴脖子的周围，用点的方式沾上去。
3. 不是使用全部的手掌，而只使用除了拇指及食指之外的另外 3 根指头，从额头开始往下巴一点点薄薄地涂抹。
4. 鼻子两侧、眼角的皱纹附近、下巴长胡须的部位要特别注意地涂抹，以免化妆品会凝聚在一起。

## 等到用习惯之后，开始使用海绵

已经习惯涂抹化妆底霜的男人，可以改用海绵来代替手指。它的优点在于化妆品不会凝聚在一起，而且比用手指的时候还要更快速地扩散开来。在上面使用的方法之中，到 2 的过程完全一样，而在第 3 的阶段改以海绵来代替手指，轻轻地揉着展开就行了。等化妆品布满整张脸之后，再用手掌轻轻地按一下脸，把手上的温度传到脸上就算完成。手上的温度会把化妆品融化，而紧密地黏着在皮肤上。

把海绵由内往外擦拭

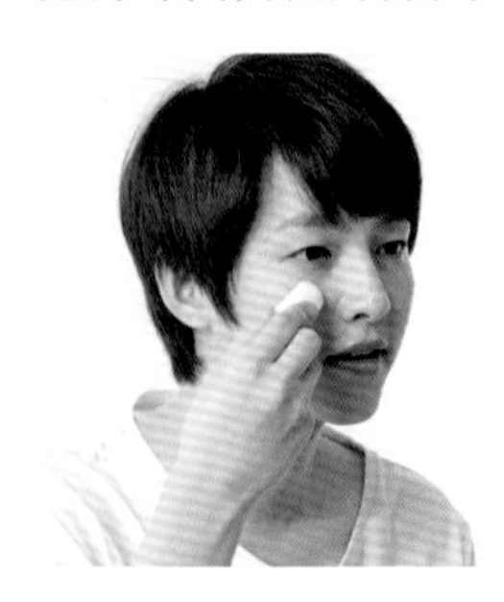
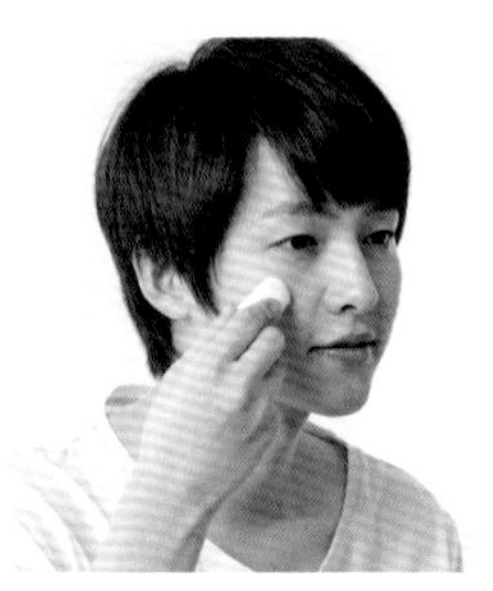
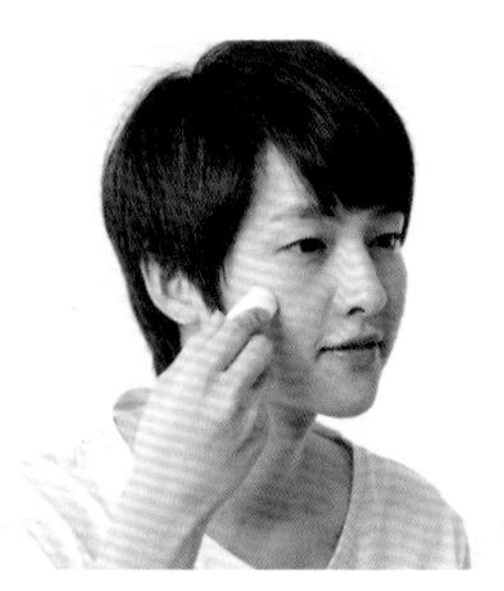

## 化妆底霜，这个不错！

### { 仲基的选择 }

**BANILA CO 皇牌妆前底霜（Prime Primer）01**

可以把因为伤口而呈现的皮肤凹凸表面修补起来的产品。再加上它又有控油的功效，使用完之后就会感到皮肤变得较为柔嫩。由于它是无色的产品，所以虽然无法改变皮肤的气色，但光是靠着可以达成滑嫩的效果，就可以让肤质感觉变好了许多。但如果是油脂分泌过盛的皮肤，则尽可能避免使用。

**MAC 防晒润色隔离霜（Prep + Prime Fortified Skin Enhancer）SPF35 / PA + + + 02**

具有可以同时有效隔离紫外线以及改善皮肤状况的卓越效果。而且对接下来要涂抹的化妆品，也有提高密着力的效果。

### { 黄主编的选择 }

**罗拉玛斯亚（LAURA MERCIER）饰底隔离霜（Tinted Moisturizer）SPF20 03**

由于它有 7 种不同的颜色，所以可随自己的肤色而自由选择。涂抹在皮肤上的密度与色泽，可以维持相当长的时间。如果用手指头边轻轻地敲打着皮肤来涂抹，大致上也可以达到掩饰一些皱纹的遮掩能力。

**DHC 白金恒彩防晒隔离霜（Lasting White Color Base）04**

产品本身的色泽，具有可以修饰皮肤瑕疵的功能。在隔离紫外线的同时，也具有可以让皮肤变得柔嫩的功效。

01　　02　　03　　04

## STEP2 要好好躲起来喔，我的那些小瑕疵们~
Concealer（遮瑕膏）

面试！相亲！给别人的第一印象一定要非常良好的场合。遇到这种日子，哪怕是只有一天，也真的很希望能把脸上的瑕疵全部遮起来。而这时候最有用的产品，就是遮瑕膏（Concealer）。它是一种与肤色非常接近的化妆品，专门用来遮掩青春痘、黑眼圈、黑斑等等脸上的瑕疵。

### 就这样涂就行了！

遮瑕膏的使用方式，就是先在瑕疵的部位用点的方式涂上去之后，用手指头轻轻敲打着把产品扩散开来。先涂过遮瑕膏之后，在上面再薄薄地涂上一层亮彩乳液或是 BB 霜。如果先涂过亮彩乳液或是 BB 霜之后再涂遮瑕膏，密着力就会降低而有可能被排挤开来，所以瑕疵也很容易被看出来。下列所示为在各种情况之下，选择适合遮瑕膏的方法。

青春痘痕迹 / 建议使用长条状，或是粗硬的膏状遮瑕膏。由于大部分的青春痘痕迹都是红色的，所以使用黄色或是象牙色的亮色系遮瑕膏就行了。但是如果现在脸上仍长着青春痘，那么就不该急于使用遮瑕膏，而是应该先把皮肤保养好了之后再说。

黑斑、斑点 / 由于黑斑以及斑点通常都分布在脸上的每一个角落，所以建议使用可以广泛地涂在脸上的产品。而色系则要尽量选择与自己的肤色相近的比较恰当。如果希望自己的皮肤显得亮丽一些，则可以选择比较明亮的色彩。

黑眼圈 / 会把人的年纪显得比实际年龄要苍老 3 ～ 4 岁的眼下阴影——黑眼圈。由于眼下的皮肤会因为频繁眨眼的动作而容易变得干燥，所以如果涂上太厚的遮瑕膏，就很可能会产生让遮瑕膏龟裂的“摩西奇迹”。所以最好是选用液状或是乳液状的遮瑕膏。不过如果选用色系过于明亮的遮瑕膏，则很可能带来太过明亮的反效果，所以建议使用比自己的肤色稍微亮白一点的颜色才比较安全。

## 把黑眼圈完全消除的方法

如果睡得很饱，也没什么压力，却仍然有黑眼圈跑出来。(在休息足够的状况下！）那就建议使用可以活化堆积在眼下的皮肤细胞的眼胶或眼霜。如果没有充裕的经费来购买价格比较昂贵的眼部保养品，那也就只好多涂一些保湿产品了。另外，多吃一些花椰菜或是鲑鱼等对眼睛好的食品，也可以有效地消除黑眼圈。

### 遮瑕膏，这个不错！

{ 仲基的选择 }

**ETUDE HOUSE 神奇遮瑕液（Suprise Essence Concealer）01**

具有一般的韩国男人全都适合的颜色。像女人使用的唇蜜一样，里面附有小毛刷，可以非常方便地使用。适合遮掩斑点或是小瑕疵的时候使用。

**高堤耶（Jean Paul Gaultier）遮瑕膏（Concealer）02**

遮掩黑眼圈以及小瑕疵的时候最适当的产品。由于它由许多与肤色相接近的色泽来构成，只是用手指轻轻点着使用，也都像是已经化妆完毕。适合皮肤干燥的人使用。

{ 黄主编的选择 }

**倩碧（CLINIQUE）SSFM：M Cover Stick 遮瑕膏 03**

非常适合遮掩黑眼圈的时候使用的产品。不过如果在皮肤干燥的时候使用，则有可能会导致皱纹增生，所以要特别注意。另外在使用的时候，不要直接与皮肤接触，而应该先涂一点在指尖上面之后，再涂到脸上会比较好。

01 02 03

# STEP 3 变柔嫩的我，就是个拥有蜜皮肤的花美男

Powder（粉底）

化妆的最后阶段，为了防止分泌的油分把妆给浮起来，要擦上一层粉底。它虽然也具有使肤色看起来明亮一些的功能，但最主要的用途在于控制脸上分泌的油分。正常来说，在涂过化妆底霜之后应该先涂粉底霜这种调色化妆品再擦上粉底，这才是化妆的基本定石。但是在化淡妆是趋势的最近，大半都是涂上化妆底霜之后就直接擦粉底了。对于男人来说，后者很适合！

## 选用粉底

在选用粉底的时候，应无条件地避开有光泽的。如果是选用涂完粉底霜之后再擦的粉底，那就选用可以控油的粉底；而如果选用省略粉底霜而直接擦上去的粉底，那就选用兼具遮掩力的粉底即可。

## 要怎么擦？

擦控油用粉底的时候，只要往担心泌油的部位，用毛刷把粉底刷上去就行了。而擦遮瑕用粉底的时候，则是利用粉扑边拍打着擦上去。不过要注意可别擦得太厚了。等擦完之后，再用毛刷把整张脸扫一遍，（像是撢灰尘一样）这样可以防止粉末的飘散。

### 粉底，这个不错！

{ 仲基的选择 }

**忆可恩男士系列（IPKN MEN）油控粉底（Oil Control Powder）01**

可以控制分泌过多的皮脂，也可以让皮肤变得柔嫩的男性用粉底。虽然含有紫外线隔离成分，但是如果擦太厚，就会被看出上了一层粉的痕迹，所以使用时应放弃紫外线隔离效果，而着重于皮肤整顿以及吸收皮脂方面的产品。

{ 黄主编的选择 }

**DHC 蜜粉（Face Powder）02**

涂完粉底霜之后再擦上去的时候，会感觉蜜粉紧密地黏贴在皮肤上。当然也不容易凝结在一起，而只会有在脸上轻轻地覆盖了一层粉的感觉。

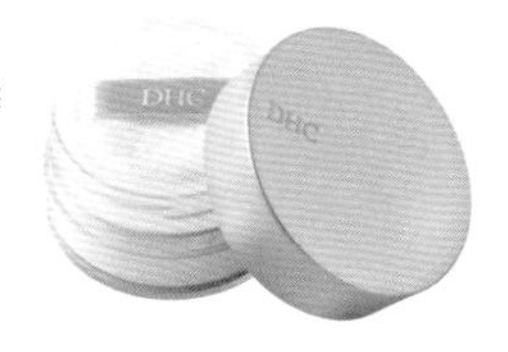


## 如果因为流汗而容易脱妆

如果是很容易流汗的体质，那真的很不建议化彩妆。因为每当擦汗的时候，手帕以及面纸上面就会有化妆品顺便被擦掉。

但是如果仍处于必须要化彩妆的情况，那么只能建议随身携带着粉扑与粉底。大家应该有见过明星们偶尔用粉扑擦汗的场面，只要在粉扑上面沾一点粉底，像是在擦汗似地擦拭一遍之后，再轻轻压一压就行了。

### 一目了然的化彩妆顺序 *

洗脸→刮胡子→保湿剂→防晒霜→化妆底霜→粉底
洗脸→刮胡子→（保湿剂）→（防晒霜）→（遮瑕膏）→ BB 霜或是亮彩乳液→（粉底）

如果没什么瑕疵要遮，那么也就可以省略掉涂遮瑕膏的过程。而如果只是想要把肤色弄得明亮一点，那只需要做到化妆底霜（或是BB霜、亮彩乳液）的阶段就行了。

## 想要成为另一个我的日子：烟熏妆

其实我本来不想教男人怎么样化彩妆的，但是在当今的趋势下，我想我还是稍微提一下烟熏妆（Smoky Make Up）好了。现在的社会，就算不是去舞厅跳舞或者参加宴会，男人们也能坦然地在眼底下画上一条黑线而到处走动了。在女人中很受欢迎的烟熏妆，其实男人化起来也还蛮适合的呢～想要有些改变的日子，想要变为有点坏的男人的日子，就来挑战一下吧。

### ★ 化烟熏妆的方法

1. 首先用遮瑕膏来把黑眼圈以及眼睛周围的瑕疵遮住，然后再用粉底边拍打着边擦在上面，让皮肤看起来变得柔嫩一些。
2. 要让眼影不扩散开来比较难一点，所以干脆就省略！直接画上眼线。
   →这时候的重点，就是选择画眼线的器材。

   铅笔型

   **优点** / 很容易画，而且也很容易修饰。如果是新手，建议使用铅笔型。

   **缺点** / 晕开的速度会比较快。

   笔刷型

   **优点** / 哪怕是细细的线，也可以画得很清楚。

   **缺点** / 画上去之后并不容易修饰。
3. 用眼线笔要把眼睫毛与黏膜之间填补起来似地慢慢画上眼线。
   →第一次画眼线的时候因为不是很熟悉，所以不要想一次画完，建议先用点的方式点上去之后，再把点与点之间连起来。比起眼睛的两角，要把眼睛的中间画厚一点，才会呈现出眼睛比较大一点的效果。
4. 先仔细地把下眼线画好之后，再画上可以与上眼线交会的尾部。
   →不要像女人一样把尾部往上翘或是往下垂，而只要沿着眼睛原来的线条，很自然地交会就行了。

不久之前，我为了拍时装杂志的海报，而第一次化了烟熏妆，当时感到非常地不自在。但是在看到拍出来的照片之后，我就迷上了化烟熏妆后变得目光锐利而且又冷酷的我。自从那一次之后，我也就爱上了烟熏妆。最近拍片的时候如果需要画到烟熏妆，我就会特别要求化妆师帮我“画得再浓一点”！

# PART4 要好好地清除干净，才是真正的美肤男

Make up Cleansing

“比起化妆，卸妆更重要！”还记得这句广告词吗？这真的是一句至理名言呢。在平常的皮肤保养中，洗脸就是非常重要的阶段，如果又在脸上化上了彩妆，那就更不必多说什么了。而如果是个皮脂分泌旺盛的男人，又没能把脸好好地洗干净呢？那么化妆品的残留物与皮脂混合而塞住毛孔的几率，就会是100000000000%！！！

## 卸妆产品的种类

如果化了彩妆，用一般的洗脸用清洁剂是没办法把老废物质洗干净的。所以要用卸妆专用的清洁剂，来清洗干净。

卸妆乳液 在卸妆产品中拥有最弱的洗净能力。但是相对地对皮肤造成的刺激也会比较弱，所以适合敏感性皮肤、干性皮肤的人使用。先涂在脸上充分地搓揉之后，用面纸擦掉或是用清水洗净。

卸妆乳霜 比起卸妆乳液的洗净能力要强一些。但是由于产品的油分含量比较高，所以不容易用清水洗净而只能用面纸擦掉，这时对皮肤造成的刺激可是非常强烈的。化完浓妆之后要卸妆的时候是很适合，但是除了演员之外，我真的很怀疑男人是否有必要去化那么浓的妆。

卸妆油 是女人们为了要卸掉睫毛油或是口红等油分含量比较高的化妆品，而使用的卸妆产品。也有一些油性皮肤的人，是为了擦拭分泌过多的油分而使用。不过千万要注意，绝不可以让残留物留在皮肤上面。

在使用卸妆产品的时候，绝对不能先在脸上沾了水之后使用。否则一旦沾上水之后，在卸妆产品与皮肤之间隔着一层水，反而没办法有效地来把妆卸干净。

# 卸妆产品，这个不错！

## { 仲基的选择 }

**芭比波朗（BOBBI BROWN）卸妆油（Cleansing Oil）01**

除了卸妆的功效卓越之外，使用之后的皮肤触感也很柔嫩。光用水去冲洗也不会留下光滑的感觉，所以很适合男人使用。事实上在使用本产品的时候，不需要再搭配使用任何的清洁剂，而这也是该产品的魅力所在。

**妙巴黎（BOURJOIS）柔滑保湿洗面奶（Cleansing Milk Lait Frais Demaquillant）02**

比一般的洗面剂效果要弱一点的乳胶型产品。不过产品接触到皮肤之后就会立刻变为乳状。适合在卸完妆之后，不方便再去另外搭配其他清洁剂的皮肤干燥男士们使用。

## { 黄主编的选择 }

**娇韵诗（CLARINS）薄荷洁颜水（Cleansing Essential Water Mint）03**

如果妆化得很淡，则不需要用水，而只用本产品就可以把妆卸得很干净。只要把本产品倒一些在化妆棉上面，擦拭干净就搞定！含有薄荷萃取物的绿色，则是适合油分多的人使用。

**妙巴黎（BOURJOIS）柔敏卸妆水（Cleansing Water Eau Micellaire Demaquillant）04**

把妆卸掉之后，可以感受到皮肤变得湿润及柔嫩。适合皮肤干燥的人士使用，而用很少的量就能卸掉粉底之类的淡妆，可以说是非常地经济。

**BEYOND 阳光洗面胶（Sun Cleansing Gel）05**

专门用来清洗防晒霜与BB霜的清洁剂。主要是为了有效卸除含在这两种成分里面的硅胶成分而开发出来的。它不像卸妆油一样有油腻的感觉，所以适合喜欢清洁剂有清爽感的人使用！

01 02 03 04 05

举一个化彩妆之后不是很好的例子：化太深就不容易卸干净~

黄主编的修饰忠告（Grooming Advice）

# 遮掩瑕疵的技巧

Mission 2.

## STEP 1 可以改变第一印象的修眉毛

一提及浓郁茂密的眉毛，就会想起演员宋承宪。他那茂密的眉毛一下子就能掳获人们的视线，使得已经长的令人舒爽的耳目口鼻，更加显得格外清晰。像宋承宪一样拥有茂密眉毛的人，可以阻止别人的视线往别处分散，而且也会提高别人对自己的好感。可见给人的第一印象之中，眉毛占的比重是非常重的。如果眉毛不够茂密那该怎么办？那就要好好修一修啊～

### 用小镊子把杂乱的眉毛拔掉

不要让两边的眉毛连在一起成为一字眉，而应该确实地把两边分开。为了如此，就必须要先把分布在鼻梁的上方以及两边眉毛之间非常模糊的边界区域，好好地来整理一番。不过也不要为了处理几根眉毛，就去把修眉刀搬出来，只要找一个小镊子来拔掉就行了。因为如果不小心刮坏，眉毛要重新长出来可要花上很长的一段时间，所以务必要小心！！

### 把眉毛梳理的端庄一点

把像刺猬一般到处乱窜的眉毛，用眉毛用的梳子好好梳理一下。如果没有眉毛梳，那就在洗完脸之后用手指头，从眉毛的内侧往外侧边推边整理。就用这么简单的技巧，也可以把自己给别人的印象改善很多。至于到底要不要买一把眉毛专用的梳子来用，这就像是用梳子梳头还是用手梳头一样的道理。

## 用修眉刀把多余的眉毛刮掉

女人大部分都会用修眉刀来修理眉毛。但是对于男人，如果眉毛不是到处乱窜而显得杂乱无章，那么倒也不是特别建议去使用修眉刀来修理眉毛。这虽然也只是一个属于个人趣向的问题，但是如果一眼就被别人看出自己有修过眉毛，难免会让别人心生“干嘛还那么费工夫啊”的想法，而产生反感。

如果还是想刮，那么建议从眉毛的中心线，刮除那些离得比较远的杂毛就行了。而这样整理过之后，就会觉得眉毛要比以前浓密一些了。不过如果不小心把眉毛修得又细又长，那么就会给人一种很犀利的印象，所以拜托小心一点!

## 用眉笔把中间的空隙涂满

如果在眉毛的中间，有坑坑洼洼的空隙在里面，那么就去买一只跟眉毛颜色一样的眉笔来使用。该不会是想去翻翻书桌，找支 4 B 的铅笔来画

请由眉毛的内侧往外整理

眉毛吧？如果买了眉笔回来，就用眉笔来把眉毛中间有空隙的部位涂满就行了。如果感觉画得太浓，那就用手指轻轻擦掉即可。凡事都是过犹不及！如果画得太浓，看起来感觉就会像是纹眉一样，所以务必切记！

**眉笔，这个不错！**

{ 仲基的选择 }

NYX 时尚轻便眉笔（Auto Eye Brow Pencil）

眉毛的浓密度感觉不足的时候，可以先用眉笔涂到空隙里面，再用刷子来刷均匀的产品。

{ 黄主编的选择 }

ETUDE HOUSE 十倍防水眉笔（Proof 10 Liquid Brush Brow）

是眉毛浓密度不足的男人，应当要必备的产品。打死也无法接受纹眉，却又不想被别人看到自己眉毛稀疏的样子，那就使用这个产品稍微画一下就行了。由于它是比笔状要柔软的毛笔状，所以很容易就可以画得上，而且又具有防水性，所以也不用担心会晕开。

## STEP2 不用动整形手术，也可以隆鼻

既然都已经开始化妆了，就把平常看起来不是很顺眼的扁鼻子也来画高一点吧。手中的技术愈是纯熟，化出来的妆就会愈自然，这就是人生的真谛。

### 用 1 字来画上焦点

用化妆技巧把鼻子画高的方式有两种，一种是给鼻子画上焦点。即，把鼻子本身化的明亮一点，来显得比其他部位高一点的化妆方法。用可以把鼻子化高一点的“焦点（Highlight）”产品，像是写 1 字一样上下来回不断地刷，就会感觉鼻子从平平的脸孔中变高起来。如果手边没有焦点这种产品，那也可以用比皮肤颜色稍微亮一点的眼影来代替。

## 在鼻子两侧画阴影

就是反过来，在鼻子的两侧画上阴影，然后让鼻子显得比较高一点的化妆方式。想要把鼻子画高一点的时候，就在眼睛的内侧，也就是戴眼镜的时候鼻架会碰到的地方，画上一层阴影。这时候只要擦上比自己的皮肤颜色稍微暗一点的粉底，或是粉底霜就行了。如果身边没有这种产品，那用颜色比较深一点的眼影也行。这种东西只要到姐姐或妹妹的房间去看一下，就可以发现一大堆了。

不过问题是，并不容易找到跟自己肤色相接近的颜色。这时候应该先在手背上涂上化妆品，搓揉一下让化妆品的颜色扩散开之后，再靠近自己的鼻子比较一下，然后再挑颜色相近的化妆品涂上去。这样绝对会大大地降低使用失败率。而如果想要显得自然一点，那就用毛刷来代替双手，效果会更好一点。

在使用毛刷的时候，不要使用茂盛地扩散开来的毛刷，而应使用狭窄的毛刷，小心刷，不要把先前涂上去的化妆品（应该不会有人连基础化妆都没上，就贸然地想要直接把鼻子画高吧？）刷掉。

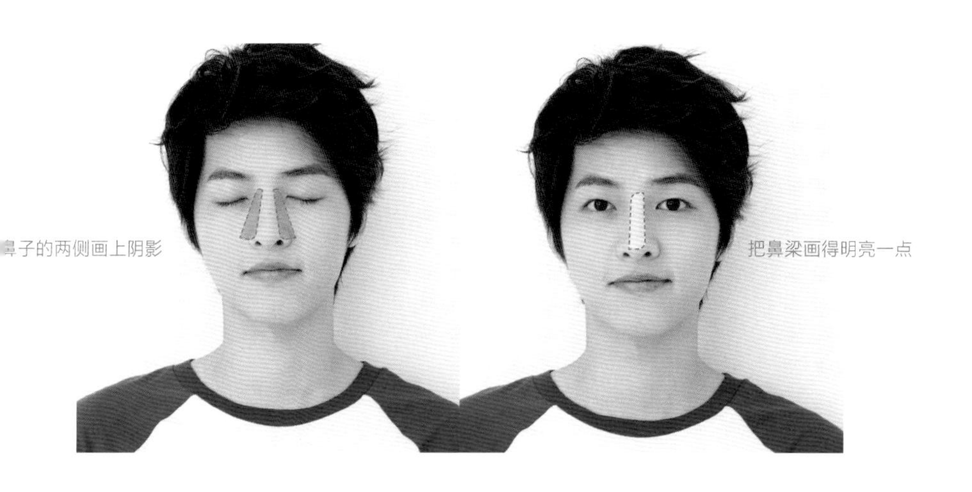

黄主编的便利贴（Post-it）

# 送她化妆品来当礼物

现在已经超越了自己买化妆品用的阶段，而进化成为用我亲自选的化妆品，来送她当礼物的阶段。这不得不说是个超级恋爱高手才能用的大绝杀，因为如果买错了，那肯定会被她骂个狗血淋头！好，那么现在就来了解一下既可以赋予欢乐，又可以获得爱情，求爱成功率保证会达到90％以上的“选购化妆品大秘籍”。

说100％可以掳获女人的心，那根本就不可能。当然！选错了那绝对会被骂得很惨！

## 在购买之前再仔细★想一次！

### 1．香水

一提及化妆品礼物，第一个会联想到的项目就是香水。香水，的确很好。但是为什么送香水给女人当礼物，却还要照着男人的喜好去送呢。要记得整天要浸泡在香味里面的主角，并不是送香水的人，而是接受香水的人。所以如果想送香水当礼物，最好不要当成给她惊喜的礼物，而是应该带她到卖场直接选购。

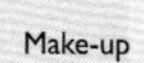

也该为心爱的她，来关心一下她的皮肤了。

## 2. 口红

就算你逛遍了整间百货公司的卖场，也向值班经理一一问清楚了之后再买，但是以接受礼物的人的立场来看，最没诚意的礼物就是口红。不只是口红，还有眼影、腮红、粉底霜这些产品，就连女人自己到卖场去选购这些产品的时候，也必须在脸上涂上几次之后才会决定到底买不买，是一些非常有难度的项目。所以这绝对不是一个男人可以轻易挑战的项目。

## 3. 化妆水、乳液套装组

要尽量避免送哪里都可以看得到的化妆水、乳液套装组。它唯一的优点，就是因为产品装在盒子里面，所以很容易包装而已。因为除非她也刚好用完了这些最先接触皮肤的基础化妆品，否则绝对会让她感到倒胃口。而且如果又选新上市的产品送给她，反而有可能会引发跟她的皮肤不合，或产生排斥的效应，所以绝对不推荐。

## 4. 看起来很好看的产品

无凭无据就只因为包装漂亮就买来送给她，那可真是个危险至极的行动。如果不是为了要买来当她化妆台上面的装饰品，如果真心想要成为心思细密到关心她皮肤健康的好男人，而既然花了钱，就最起码应该买一份可以听到她对你说一声谢谢的好产品啊！

在男人眼里面看起来最好看的产品，就是眼影调色盘。因为外观看起来很华丽，而且又装在亮丽的盒子里面，送给人当礼物感觉也很体面。但是站在接受礼物的人的立场来看，满意的程度会有10%吗？而在调色盘上面的那些颜色对她来说，用到的机会可真是微乎其微呢。

## 既可赋予欢乐又可获得爱情的化妆品★礼物

### 1. 最佳畅销品

这一点都不难，既然是大家公认的产品，而且市场上也很畅销，那就表示该产品的确很受大家的喜爱。相对地，她会喜欢的可能性也一定会很高。而且只要上网去查看一下，也会很容易地得知化妆品中的最佳畅销品。不过最起码应该要先知道她的皮肤到底是油性还是干性才行。

下列提供参考的产品只是我自己随意挑选的样本。而实际要送她的礼物，最好还是先观察清楚之后再做决定～

### 就是这些！

**雅诗兰黛（ESTEE LAUDER）超智慧DNA特润修护露（Advanced Night Repair Synchronized Recovery Complex）**

任何年龄层都很喜欢的产品。不只是女朋友，就算送给未来的岳母，她也会绝对二话不说地立刻收下。

**兰蔻（LANCÔME）UV超轻盈柔白隔离乳 SPF50 (UV EXPERT GN-SHIELDTM SPF50 High Potency Acitve Protection)**

可以送防晒霜，来让她“意外地”感动。如果送给她的时候可以顺便说出类似：“我一直想要站在炎热的阳光下面，来保护你不会受到那烈日的伤害！”这种会掉鸡皮疙瘩的话，那么她应该很快就会成为你的奴隶了。

**BENEFIT 修眉(Brow Bar)使用**

是由BENEFIT化妆品公司经营的“修眉小铺”出品。由于人气太旺，就算在一个月以前预约都很难排得上。不喜欢这项礼物的女人，应该不存在吧。

## 2. 低价厂牌的最受欢迎产品集锦

就是以量取胜！如果财政状况并不是很宽裕，那么就选一些低价厂牌中最受欢迎的产品，然后集在一起当成礼物来送给她。这会让她感到自己的用心，而且由于量比较多，所以肯定会取得不少的分数。这时候的技巧是，最好先选定一个礼物的主题。

### 就是这些！

### 为了保护她的手而特别准备的综合礼物套装组

BURT'S BEES 香橙甜姜洁手液（Citrus & Ginger Root Hand Soap）+柠檬油指甲修护霜（Lemon Butter Cuticle Cream）+蜂蜜护唇膏（Honey Lip Balm）

在这里的重点是，不能让她感觉这些东西很便宜。而 BURT' S BEES 在这一方面还算是容易得分的厂牌之一。由于产品的外观模样也可爱又时髦，所以从第一眼看到的时候就会让人感到愉悦。送礼物的时候可不要忘了顺便对她说："你那漂亮的双手，我可舍不得让它变粗。"类似这种感性的话。什么？太油腔滑调了？唉呀，世间的事情就是如此的啦。

## 3. 抗老精华液

与其说一些像就算她成为皱巴巴的木乃伊，仍然会爱着她这样的老掉牙的罗曼蒂克台词，还不如用愿意为她消除皱纹的实际行动来表示，更能掳获她的芳心。女性尤其关心的抗老化产品，可以打动女性芳心的几率绝对会在70%以上。而其中价钱既不便宜，而且又不受皮肤种类限制的抗老精华液，绝对会让她感到欢喜。

### 就是这些！

香奈儿（CHANEL）超完美修护抗皱精华液（Ultra Correction Line Repair Intensive Anti-Wrinkle Serum）

如果没有办法帮她买一只香奈儿的手提包，那就买香奈儿的化妆品吧！由于它的价位实在太高，在一直买不下手的情况下，竟然被别人当成礼物来送给自己的那种喜悦，不知道你是否感受得到。

芭比波朗（BOBBI BROWN）瞬间唤肤精华液（Intensive Skin Supplement）

同样因为价位太高的理由，让很多女人止于“想要拥有”的产品。趁此机会就把心一横，买来送给她吧。

## 4. 水乳霜

送水乳霜而能获得芳心的成功率相当大。因为无论是皮肤好坏，干性还是油性，皮肤是一定要供给水分的，所以水乳霜算是必备的化妆品之一。再加上任何人都可以不受约束地使用，所以选起来也相对地容易许多。

### 就是这些！

倩碧（CLINIQUE）深层特效水嫩保湿霜（Moisture Surge Extended Thirst Relief）

提到水乳霜就会直接联想起来的产品。只要使用一点点，就立刻可以感受到它的效果，所以很快就会听到她对你的谢意。

契尔氏（KIEHL'S）冰河糖蛋白保湿霜（Ultra Facial Cream）

同样提到水乳霜的时候，绝对不可以落掉的产品。当她看到产品盒的瞬间，她脸上浮现的微笑会告诉你说：“我的男人，我真的爱死你了～”

### 最起码要有这种程度的基本认知！！

1 → 情急的时候，向她的好朋友打探

要为她挑选礼物，可不能像是在为往来厂商老板的孙子过周岁的时候挑选金戒指一般来挑选。而如果真的没办法掌握住她的喜好，那就向她的好朋友打探，也是一个很好的办法。

2 → 购物的收据一定要收好

非常重要的一点是，就算掌握了上面所有的要素而去买来了化妆品，但仍然还是有变量存在的可能性。所以为了以防交换时的需要，购物的收据可千万（！！）不要丢弃而应该妥善收藏。因为只有这样，才能防止这么好的礼物会经女朋友的手而又转送给他人。

PROJECT 9.
FAQ

# 五花八门<br>保养皮肤的<br>疑问解答

为了仍然会感到迷惑的你，而特别整理的章节。
开始进行皮肤保养之后，应该会碰到这些疑难杂症吧？

# 皮肤*

**MAN** 我实在搞不太清楚我到底是油性皮肤、还是干性皮肤。

**黄主编** 由于人的皮肤状态会一日数变，所以再怎么厉害的皮肤专家，也无法断言你的皮肤状况是属于哪一型。而所谓油性皮肤、干性皮肤、混合性皮肤，也只是为了方便说明而做的区分而已，所以也不必太执著于这个问题上。而且并不是说现在是油性皮肤，代表将来一辈子也都会是油性，所以只要针对目前自己最感到烦恼的皮肤问题（例如说青春痘、油脂分泌或皮肤紧绷等），来好好进行保养就行了。

**MAN** 我知道晚上 10 点～凌晨 2 点是皮肤再生的时间，但是不是所有的人都一样呢？不会因为人的作息不同，而有所不同吗？

**宋仲基** 我之前也对这个问题感到好奇，所以特别向皮肤科医师请教过。我们人体里面都有设定所谓的“生理时钟昼夜节律（Circadian Rhythm）”。而它是以 24 小时为一周期的生理学性周期。而且这个生理学性周期是所有的人全都一致的。以人种来说，或许在经过长时间不同的生活之后可能会引起变化，但是只因为个人的生活作息与别人不同，并不会

有看到我充血的眼睛吗？所以我一定要睡饱了才行！

改变人体荷尔蒙的转变。结论就是所有人的皮肤再生时间都是统一的。所以从晚上10点~凌晨2点，一定要上床睡觉喔。（呜，我自己也都没办法遵守呢。）

MAN 敏感皮肤的人，也可以使用去角质产品吗?

宋仲基 当然啦，因为敏感皮肤的人也会有角质啊。不过在选择去角质产品的时候，一定要特别注意才行。应该尽量避免使用颗粒刺激皮肤的去角质产品，而如果是含有AHA或是BHA成分，则应该选用浓度比较低的才行。用过去角质产品之后，一定要记得特别细心地来补充水分及镇定皮肤才行。

MAN 因为感觉皮肤会变得比较柔嫩，所以我特别钟爱洗澡。不过我听说常常洗澡反而会让皮肤变糟，这是真的吗?

黄主编 洗过澡之后皮肤会变得比较柔嫩的感觉，应该不会持续很久吧? 这是因为洗过澡之后皮肤立即得到水分的补充，所以会变得比较柔嫩。但比较重要的是，这些水分可以持续多久的问题。所以皮肤才需要有保湿剂的保护。而只要善于使用保湿剂，常洗澡并不会有什么不好。不过你应该知道，每一种清洁剂多少都会对皮肤造成刺激吧? 洗澡的时候使用的身体清洁剂，也会对皮肤造成刺激，所以并不建议一天下来使用很多次。

MAN 去除死皮一定会对皮肤造成刺激，所以不是很好吧?

黄主编 为了去除死皮而把皮肤揉搓得红肿当然不好啦，但是就像会用角质产品把脸上的老废角质去除一样，用去除死皮的毛巾把身上的老废死皮去除掉并没有什么不好。如果平常在去除死皮的时候皮肤并不会变得红肿，那就照平常的方式来去除死皮（不过不要使用太粗糙的去死皮专用毛巾），然后再涂上保湿产品即可。如果是敏感性皮肤，而身体浮现很多白白的老废角质，那么可以使用身体用的去角质产品来把老废角质清除干净。如果这样还嫌不足，那么就使用微细毛的去死皮专用毛巾，像是在进行按摩一样慢慢搓揉即可。不过去除过死皮之后，内层皮肤就会裸露出来，所以应该涂上一层有抗菌效果的保湿产品，或具有高效保湿能力的油性产品，来保护自己的皮肤。

# 基础保养*

MAN　每次洗过脸之后，一定要涂收敛水及乳液吗?

宋仲基　是的，洗过脸之后如果可以，那一定要涂! 但是如果觉得太麻烦，那么可以省略收敛水而一定要涂上乳液。而如果这样也觉得麻烦，那么干脆不要那么频繁地洗脸，才是保护皮肤的好方法。

MAN　皮肤保养必须要每天都做吗? 我听说偶尔休息一天效果会更好。

黄主编　那么这样告诉你的人，有没有顺便对你说："如果给皮肤补充太多的营养成分，那么在吸收的过程中，皮肤也会感到疲惫" 呢? 照这么说来，为了不让皮肤感到疲惫,最好的方法就是什么都不涂喽。打个比方来说，有个人看到自己的皮肤有些干燥，所以就涂了油类的产品。而当他发现油、水的供给过多的时候，应该改用凝胶之类的乳液来保养才是最正确的方式。如果因为油、水的供给过多，而干脆完全停止补充，这未免太极端了一点。而皮肤最好的保养方式，就是时常维持在湿润的状态呢。

MAN　我是因为感到麻烦才问的，化妆品是否可以先混合起来之后再涂呢? 例如：乳液+精华液、乳液+防晒霜。

黄主编　乳液与精华液的粒子大小并不一样，这是因为它们扮演的功效也不一样的缘故。所以在使用的时候，当然要先涂上粒子较小的精华液，然后在上面涂上粒子比较大的乳液才会比较有效吧? 如果混合起来之后再涂，那么就有可能精华液被隔离在乳液的保护层外面喔。

而乳液与防晒霜也是同样的道理。如果要让紫外线隔离膜均匀地遍布，那就必须要把防晒霜充分地涂满整张脸。但是如果与乳液混合在一起，那么有些地方的防晒霜就会变得特别薄而水分的保护膜就会特别厚。所以如果会感到麻烦，要么就干脆不要涂；要涂，就按照顺序好好涂，这才是最实在的方法。

MAN　我因为很喜欢婴儿乳液的味道，所以会常拿来使用。大人使用婴儿乳液会不会有什么问题呢?

宋仲基 由于婴儿用的乳液油分含量比较高，所以皮肤干燥的人拿来使用并不会有什么问题。重要的并不是婴儿用还是大人用（这跟探讨男人用、女人用是同样的道理），而是要考虑产品的成分是不是适合自己的皮肤使用。

MAN 我去海边疯狂地度了个假回来，晒到我的皮肤全都脱皮了。

黄主编 这就需要把因为紫外线的渗透而受到伤害的皮肤，好好地镇定下来了。这时候就应该省略会继续造成皮肤刺激的去角质产品，而需要使用含有镇定皮肤功效的面膜。如果使用含有芦荟成分的面膜，那么效果会更好。而就算最近不出门而待在室内，也要继续地涂上防晒霜。

## 特别的日子*

MAN 昨天晚上就只喝了一点点酒，没想到眼睛就肿了起来，而且还出现黑眼圈。下午还要参加一场重要的说明会，我该怎么办才好呢?

黄主编 我在这里先告诉你一种早上起床之后可以使用的最简单的紧急措施好了。首先洗过脸之后，在化妆棉上面沾满收敛水，仔细地擦拭整张脸。用过的化妆棉不要丢掉，而是从中间分成两片之后，敷在浮肿的眼皮上面。用油分比较多的乳霜，均匀地抹在脸上之后，用手轻轻地按摩大约 5 分钟左右。这虽然好像感觉没什么，但却可以促进血液循环而使浮肿的感觉迅速消失，而且也会使脸上的气色变明亮一些。而如果仍然感觉黑眼圈很碍眼，那就涂一点遮瑕膏来遮一遮。

MAN 哇! 百年难得排定了一场相亲的场合，粉刺却突然冒了出来!

宋仲基 糟糕! 但愈是这种时候，愈要保持冷静! ! 如果粉刺的头有点黑，而且没有疼痛的感觉，那就用去角质的产品稍微搓揉一下，让毛孔开之后（如果状况不是很严重，用热毛巾热敷一下也就够了。）用消过毒的棉花棒轻轻挤出来，然后涂上有抗菌效果（茶树精油成分）的皮肤保养产品就行了。等过了一天之后，情况应该就会改善许多。而如果是属于按下去会痛，而且还是凹凸不平的粉刺，那就只好忍痛把相亲的日子往后挪，先去看皮肤科了。

**MAN** 我要去拍寄简历的相片。方便告诉我可以很上相的秘诀吗?

**宋仲基** 再怎么说现在是个“先拍照，后修正”的时代，但是照相馆用软件帮忙动过手脚的痕迹100%都能看得出来。这时候最有效的就是基础化妆!先用化妆水做过皮肤保养之后，在最后的阶段用化妆底霜再补上一层。那么绝对就会非常上相。别忘了要练习一下笑得不会太生涩的表情~

**MAN** 我是即将开始面试的毕业生。到底该怎样保养皮肤比较好呢?

**黄主编** 面试足以决定自己未来的命运，所以给别人留下一个良好的印象，是件非常重要的事情。如果到目前为止还没开始保养皮肤，那么最起码应该预留一个月左右的时间,来好好保养一下皮肤。因为如果要皮肤再生，大约需要4个星期的时间。每天先做完基础保养之后，找出自己特别想要补强的地方，持续地用精华液来集中保养。而如果发现皮肤有粗糙的情形，那也别忘了去除一下角质!而如果面试的日子就在眼前，那么就建议到皮肤诊所去找医师做一下皮肤保养。

**MAN** 我跟她已经交往了一段时间，而明天就要被她带去跟她的姐妹淘见面。我到底该怎么做准备呢?

**宋仲基** 啊，那可真是个重要的日子呢。因为她那些姐妹淘的意见，绝对会对她造成很大的影响!所以印象非得要好一点不可。建议今天晚上睡觉以前好好敷个脸，尤其是强烈推荐有美白效果的面膜!而如果你还想再做一次基础保养，那么就改用水分面膜。因为皮肤在湿润的情况下会比较容易上妆。别忘了在敷脸之前，先去除一下角质喔~

**MAN** 我是个即将要结婚的人。虽然我平常就有在保养皮肤，不过最近却感觉我的皮肤变得有点暗沉而且又有些下垂。由于我最近真的没有时间去做按摩，所以想换用好一点的化妆品。麻烦帮忙推荐一下。

**黄主编** 以经验上来看，这种情形并不会因为换用好一点的化妆品就可以解决。因为就算换用再好的化妆品，在准备结婚期间面临到的压力，仍然会让皮肤变得非常疲惫。所以最好的方式,就是尽量不要跟未婚妻起冲突,适度地让着她，来减轻埋在心里的压力。除此之外只要好好地进行基础保养，而脸上看不出有什么粉刺冒出来，也就没什么大碍了。只要照着平常的方式继续保养皮肤，不要让毛孔阻塞，做好角质保养，这样也就差不多了。当然如果要进行进一步的保养，那也没什么不好。不过倒是建议抽个空,跟未婚妻一起去做按摩保养。情侣一起去做双人保养，不只会让皮肤得到舒缓，而且也会营造和谐的氛围，真可达到一举两得的功效。

## 化妆品*

MAN　现在开始想要做皮肤保养之后才发现，要选购的化妆品实在是太多了。如果说 :“其他的不管，这些东西必须要有! ”那么请你来建议一下!

黄主编　当然就是清洁剂与保湿剂。因为要先把脸上的老废物质清洗干净，再来为干燥的皮肤补上一层保湿膜，这就是最基本的保养程序。由于这两种产品的角色完全不同，而且保养起来又缺一不可，所以也只能一次建议两种产品了。

MAN　如果要替化妆品编列购买优先次序呢?

宋仲基　这可能会因为每个人的状况不同，而会有些许的变化，但按照正常情形来说，应该是保湿剂（乳霜或乳液）>清洁剂>防晒霜>收敛水的顺序。只要去想用错了就会对皮肤造成损害的程度，答案就出来了。

MAN　化妆品是不是贵的比较好呢?

黄主编　先不考虑价格与成分，只要适合本人体质，那就是最好的化妆品。而并不是化妆品里面添加了什么珍贵的成分或是用一般人很难懂的高科技研发出来,就代表这种化妆品适合每一个人。当然,也有人可能会有:“就因为贵，才是最好”的想法。但是有些化妆品之所以会贵，是因为在成本结构里面包含了产品开发费、原料费、人事费，以及广告费等的缘故。如果购买 5 万韩元的乳霜就可以获得充分的满足，那也就不必花费 50 万韩元去买高价的乳霜来用了。

MAN 使用“乳液+化妆水”这种机能混合在一起的产品，有没有问题呢?

宋仲基 我个人是不太喜欢使用混合性产品。因为化妆水、乳液、精华液等，绝对都有属于它们自己各自不同的功效。而如果把这些化妆品都混合在一起来用，真的能够完全发挥出它们应有的功效吗? 或许使用这种产品没什么不好，但我并不认为这是最好的选择。

MAN 听别人说，与其一直使用同一种产品，不如周期性地变换使用比较好，这是真的吗?

宋仲基 其实我们的皮肤类型，时时刻刻都在改变。分泌油脂过多的皮肤，也会因为环境的改变而变为干燥。所以不考虑现在的皮肤状态而一味地使用同一种产品，那并不是一个聪明的方法。但也不可以因为如此，就周期性地改更换产品使用。毕竟自己的皮肤将来会变成什么样子，任何人都不会知道啊。所以要根据当时自己的皮肤所需，来使用适当的化妆品才是最正确的。

MAN 使用化妆品的时候，用同一家的系列产品会比较好吗?

黄主编 使用同一系列产品而会获得的好处是：①化妆品的香味一致，所以味道不会相混合。②有较多的折扣。③会附赠很多试用品。应该就是这些。不过并不会因为使用同一系列的产品，吸油能力就会变得特别好，所以也不需要特别强求使用同一厂牌的整套产品。就以我来说，我也是混合各家厂牌的产品在使用呢。

MAN 有哪些不要被骗，要特别注意的化妆品夸大不实广告词句呢?

黄主编 大约有下列几种广告术语，为了方便阅读，我就先编号再来说明：

①“适合所有的皮肤类型。”“去角质要每 2 ~ 3 天进行一次。”

→根本不考虑皮肤的状态，而像是在述说什么公式一样的广告术语，连听都不要听。

②“涂完乳液之后如果仍感到干燥，就再来涂乳霜。”

→如果涂了乳液之后无法获得充分的水分供给，那么就有必要怀疑乳液的功效。而且，既然还要再去涂乳霜，那么何不一开始的时候就直接涂乳霜，而不要去涂乳液呢?

③“一星期之内，皮肤立刻就会变得不同。”“根据市场问卷调查显示，皱纹改善效果提高了90%。”

→如果不是到皮肤诊所去动手术，那是不可能一觉醒来之后就发现皮肤有什么显著的不同。要不然，为什么那么多的人要花昂贵的费用去看皮肤科呢? 另外，根据市场问卷调查以及临床实验结果出现的“%”，其实也都只是障眼法而已。如果不是在使用完产品之后，用仪器准确地测量使用前后的皱纹指数或是皮肤弹力指数，然后再正式地公开数据，那么那些数字根本就没什么意义。

## 其他……

MAN　毛孔、美白、皱纹，到底要先保养哪一项呢?

黄主编　这是要去问自己的一个问题。现在最感到困扰的问题是哪一项呢? 就从感到最困扰的问题开始解决吧。

MAN　我一直以为敷着脸睡着没什么不对，但是有人告诉我其实这样并不好。为什么呢?

宋仲基　那是要看敷什么样的面膜而定。如果使用油分含量比较多的面膜，而有阻塞毛孔的可能，那么敷着脸睡觉的时候就有可能让皮肤无法呼吸，所以洗掉之后再去睡觉才是正确的。而一般具有水乳霜水平的保护层且具有不致粉刺性的产品，则代替乳液敷在脸上睡觉也没什么关系。这种产品又称之为睡眠面膜!

MAN　听说常去桑拿、蒸气房，毛孔就会变粗大…

黄主编　我刚好就是经营大浴室的老板家儿子，而从我超喜欢去蒸桑拿或是蒸气房，毛孔却没有变粗大的情形来看，这种传言并不正确。但是我大概也能体会，为什么会有这种传言跑出来。因为被高温的蒸气蒸过之后，在汗水与老废物质分泌出来的同时，毛孔也会慢慢张开。不过张开的这些毛孔，会因为维持体内温度的自动反射性收缩现象，而又会自然地恢复到原来的状态。所以毛孔并不会因为如此而变粗大。

MAN　用身体乳液、护脚乳液、护手乳液来涂脸，有没有什么关系呢?

宋仲基　问题的重点并不在于是不是身体乳液、护脚乳液、护手乳液，而是在于产品内的成分以及油分含量。如果产品里面没有添加去除脚臭味的成分或是为了容易干燥的身体注入了大量的油分，那么面临没有乳液可以涂在脸上的时候，也可以当成替代品来用。但我还是建议尽可能按照产品的功能性来使用。毕竟在研发产品的时候，也都是针对各部位的特性来生产的。

MAN　听说使用美体霜，可以分解体内脂肪。真的会这样吗?

黄主编　一般的美体霜并不会分解体内脂肪，而只是让脂肪层变得稍微紧致一点而已。不过因为男人的脂肪层要比女人少，所以就算使用同样的产品，也很难期待会产生跟女性一样的效果。最近坊间虽然有一些产品也可以为男人塑造出肌肉的模样，但如果真的想要塑造好身材，最好的方法还是多运动。在满脑子想着要如何使用美体霜的时间，宁可多跳一次跳绳。而在填满酒气的肚子上面，就算涂它一百天的美体霜，肚子也绝对不会消下去。而且如果真有那么神奇的美体霜，那么这世界上的健身中心也都要关门大吉了吧?

MAN　运动之后的妆，要怎么化呢? 一定要从头开始吗?

黄主编　如果是询问化妆之后脸上被汗水浸湿的状况处理，那么我的建议就是："快点去冲洗干净之后，别再上妆了!"一张混合着汗水以及粉底霜的男人脸，我真的很难去想象。啊，趁此机会我也想顺便告诉那些喜欢上烟熏妆的男人，拜托各位在化眼睛的时候多用心一点。我真不知道各位是不是误以为眼线扩散开来而成为熊猫眼，看起来会很可爱。如果真的没把握让眼线不会扩散开来，那么也应该把清洁剂带在身上。因为眼线扩散开来之后，用面纸沾上水来擦拭，那是根本擦不掉的呢。

MAN 我想去买吸油纸来用，但却发现有很多种颜色。蓝色的、黄色的还有不透明的白色。听说它们的功能都不同，到底差别在哪里呢?

宋仲基 各厂商都会在产品上面写一些“我们公司的吸油纸，吸油力比较强。”之类的广告词句,但事实上并没有什么大差别。而且就算有些微的差别，如果不是这方面的专家，那也不太容易那么敏感地发现它们之间的差异。况且，如果真跑去计较其中的差别，那也真会造成自己另外一层的压力！因此我也想在此奉劝，使用吸油纸这种东西，其中意义也只是使用与否而已。而如果真的要问我有什么差别，那我也只能说因为蓝色的吸油纸比较显眼，所以在使用的时候如果会在乎别人的眼光，那就尽可能避开别人的视线吧。

# 新英雄登场

HERE COMES
NEW HERO

为了那些因为不知道而不曾使用，就算知道也懒得用的男人，
宋仲基与黄主编经过再三的挑选，最终推荐出了几项产品。
为了不让大家只因嫌麻烦的理由，在此疏于保养自己的皮肤，
他们只选择了一些的确会有效果，使用又很简便的保养产品。

# LAB SERIES

雅男士系列（LAB SERIES）劲亮全效防护乳（Power Protector） SPF50 / PA+++

{　仲基的选择　}

依我看来，雅男士系列绝对洞悉了想要拥有专属自己的一座化妆台的男人心理。在产品的白色包装底上标示的商标以及产品名称。就像是使用量一样，只把必要的事项用黑色的文字秀出来的简单设计，又有哪个男人会不喜欢呢！这一次最新出产的防晒霜，也仍旧采用了它原先的包装设计。所谓的防晒霜，必须要涂得满满地才会有效。而这个产品用起来不会很稀，而且就像一般的乳液一样擦起来很方便，而且就算涂满了整张脸，也不会有闷闷的感觉。皮肤吸收的也很快。另外，隔离指数比较高的产品，大部分都会造成油光闪烁的后果，而该产品并不会造成这一方面的问题，只是会发出使皮肤变得较为湿润的光泽。而这种光泽，只会显得皮肤更健康，所以并不会造成负担。

散发出来的香味，就是雅男士系列特有的淡香。为了增添香味而加入的添加物，就像是不曾加入任何香精一般，很难评断到底是“什么香”，暂且就当成是实验室香吧。当我把产品抹在脸上，皱着鼻子嗅了老半天，却发现随着时间的流逝，那股实验室的香味，却也变得愈来愈柔和。涂上了本产品之后，大约过了 30 分钟再抚摸我的脸庞，发现它不只是具有紫外线的隔离功能，而且还像是形成了一层保湿膜一般，让我脸上的皮肤仍能维持在湿润的状态。由于过了中午脸上也不怎么出油，所以我就在上面又涂了一次，却发现也不会有湿腻的感觉。我想任何皮肤的人来使用，应该也都不会有什么问题。

雅男士系列（LAB SERIES）钛金抗皱活肤霜（MAX LS Age-Less Face Cream）

{　黄主编的选择　}

由于产品的外观模样，跟往常的包装方式截然不同，所以在第一眼望向该产品的时候，会怀疑这到底是不是雅男士系列产品而会多看一眼。我想这是设计者特别用心，把雅男士实验室的感觉，透过产品包装，崭新地表达了出来。刚打开盖子的时候，因为进入眼帘的产品模样是蜡的形状，真的让我吓了一跳。不过当接触到皮肤的瞬间，就像是乳霜一样，很容易地抹在脸上。而且又不会感到闷闷的厚实，与其说是湿润，不如说是会让皮肤有一点紧致的感觉。

可能是因为最近雅诗兰黛产品集团比较重视抗老化的效果，因此在产品把具有防止老化功能的蛋白质——青春蛋白（Sirtuin，倩碧的特效青春修护晚霜主要成分，也就是这个。）当成了主要成分，所以使用后会让皮肤的弹性提高许多。比起希望湿润的感觉可以持久一些的干性皮肤，更适合担心会有皱纹出现而且皮肤又失去弹性而会下垂的油性皮肤人士使用。由于使用后并不会造成油光满面以及黏腻的后果，所以该乳霜并不会让人感到任何的负担！

# Avéne



陷入在雅漾魅力里面的两个男人的告白。当法国人用自家的温泉水做出这种化妆品的时候，我们国家的化妆品公司品牌到底干什么去了！

雅漾（Avéne）舒护活泉水（EAU THERMALE）。

{ 黄主编的选择 }

我个人的习惯是，在背包里面、书桌上面及化妆台上面，都各自放一罐喷雾水。（另一种保养品是护手霜。）而我虽然也算常常使用，但是因为同时使用好几罐，所以常常在急于想要使用新产品的心理下，特别喜欢使用小罐装的。而其中我最喜欢用的，就是雅漾（Avéne）的舒护活泉水（Eau Thermale）。其实说句实话，我的皮肤也不是敏感到可以分辨得出同样从法国温泉区生产出来的产品到底有什么差异，而只是单纯地被它杏子色的商标图样吸引而已。而看它产品的说明，据说雅漾产品的水源，是直接用水管与温泉地相连接，而在无菌的生产过程中，来直接注入温泉水制作的，所以不用担心会受到细菌污染的问题。我目前至少已经用完了 3 罐迷你罐的舒护活泉水，但每次用过之后，的确可以感受到皮肤慢慢地缓和下来的感觉。把温泉水直接往脸上喷洒，皮肤当然都会湿漉漉的吧？不过当温泉水慢慢蒸发掉之后，也不会感觉脸皮会干燥，不知道是不是因为里面含有的矿物质适中，或者温泉水蒸发的同时会把矿物质也一起蒸发掉，或是雅漾地区温泉水本身的力量使然，重要的是，我在任何时间、任何地点往脸上喷洒，都可以维持得住我皮肤应有的湿润。

雅漾（Avéne）
清爽洁肤凝胶（Cleanance Gelnettoyant）。
清爽 K 痘调理乳液（Cleanance K）。
青春痘修护乳（Diacneal）。

{ 仲基的选择 }

雅漾的产品，向来都是在价格方面会让消费者感到满足的品牌之一。而且是向任何人推荐，都会被人称赞而说谢谢的水系保养品之代表厂牌。其中像是喷雾水或水分面膜等，在任何方面都不会逊色的产品特别多。因为在治疗皮肤问题方面也特别有效，在大家的口耳相传之下，现在也成了因皮脂分泌过盛而感到困扰的男士们所必备的产品。而其中首先介绍清爽洁肤凝胶。该产品从使用的时候出现的泡沫以及从产品的颜色开始可以感觉到的清香，让我们在整个使用的过程中，情绪都会感到非常地愉悦。

洗过脸之后，脸上的油分全被清理干净的感觉，会让人感到更加清爽。不过也不会像是去除角质的产品一样造成皮肤的刺激，所以敏感性皮肤的人使用，也非常地适合。

接下来要介绍的产品，是特别为有问题的皮肤而生产的清爽K痘调理乳液。在温泉水里添加了甘醇酸、B柔肤果酸、控油粉等成分的该产品，可以融化粗厚的角质，进而防止毛孔的阻塞。不过如果毛孔会经常阻塞，造成的皮肤问题比较严重，那么就推荐使用青春痘修护乳。它虽然是乳霜的形态，但是因为产品的酸碱值为 PH3.5，所以在刚涂上去的时候会有一点刺痛的感觉。不过它跟去除角质的产品不同的是，该产品似乎是把表皮上面的角质轻轻地在溶解。它的甘醇酸浓度为 6%，而如果使用在经常会发生问题的皮肤上，则可确实有效地来防止皮肤问题的复发。

# ETUDE HOUSE

以丰富的竹子萃取液作为基本，添加了必需的矿物质及氨基酸。为了解决男人们最感到困扰的油脂分泌过多、皮肤问题及干燥感，它们把产品也给细分了。而且产品的价位也非常地经济。啊，我是说 ETUDE HOUSE 的引擎方案系列啦。

ETUDE HOUSE
引擎方案系列（ENGINE PROGRAM）
蓝色引擎、红色引擎、黑色引擎。

{ 黄主编的选择 }

在男人为主的化妆品产品中，以同一属性来生产 3 种的系列产品，是一件令人非常鼓舞的事情。因为这下子，男人也总算可以开始感受挑选产品的乐趣了。而这一次由 ETUDE HOUSE 推出的引擎方案系列，其机能性可以说是乳液类。因为它比一般精华液的保湿效果要强，而且涂起来可以感到非常地清新，又很容易被皮肤吸收。使用起来非但不会感到黏腻，而且以多年来一直开发竹子有效成分的爱茉莉太平洋集团（AMOREPACIFIC）的技术为基础，所以会让我感到非常地放心。根据皮肤所需要的状况，可以适度供给水分，及添加了功效卓著的芦荟成分之蓝色引擎；含有可以让皮肤产生镇定效果的迷迭香叶以及对控油具有良好功效的日本山楂树果之红色引擎；还有薰衣草的萃取物可以有效控油，而使皮肤吸收之后会感受到不同湿润感的黑色引擎。光是一下子生产这么多种产品就已经很感谢了，其价位又是更让人感到非常地感激。皮肤感到有点紧绷而寻找乳液的时候，是个会因为不会让人感到负担的价格震惊而且也会对它持久的竹子萃取液效果感到惊讶的产品。

# ESPOIR

HERE
COMES
NEW HERO

艾丝珀香水向来给人清新活泼的形象，一直延续到了皮肤保养产品上面。而光从产品的外观设计，就可以感受到艾丝珀的产品研发团队为了补强美白产品最大的缺点保湿能力而做的努力。

艾丝珀（ESPOIR）
型男精华液（Style Espoir Muti Essence）。
型男美白乳液（Style Espoir Whitening Fluid）。
型男美白紫外线隔离乳液(Style Espoir Whitening Sun Block Lotion) SPF50+/PA++。

{ 仲基的选择 }

会让人联想到从香水瓶里不断冒出水来，而感觉充满活力的广告厂牌——艾丝珀。事实上因为我之前不知道，所以对这一家的印象也一直止于如此而已。但是他们却像是不断地在开发新的产品。而这一次最新上市的“型男美白系列产品”，并不是单纯地依存香水而出产的产品。产品里面含有的维他命B 3成分，可帮助角质的脱落而改善皮肤的状况；而迷迭香与蜂蜜的成分则是有助于干燥的皮肤保持湿润。其中的型男精华液，若使用在粗糙的皮肤上面，则确实会感到皮肤的状况有所改善，而且也产生皮肤有效地受到控制的感觉。而产品中含有的粉状成分，除了可以控制油光满面的情况外，也会让皮肤产生柔嫩的感觉。美白乳液则是包装成非常清新及轻巧的造型，扮演着被精华液滋润而变为柔嫩的皮肤，不至于轻易干燥的角色。而这两种产品的另外一项优点，就是它们的香味。对于不喜欢产品平淡无味的男人来说，绝对会爱上在没有香水的帮忙之下而产生自然香的这些产品。而拥有高系数的紫外线隔离乳液，则是兼具修护皮肤的功能，而会使晒黑的皮肤变得与内层皮肤一般的白皙。

我真的很想推荐这一家的产品，给那些一直固执地认为化妆品的价格愈贵，产品的内容也就愈好的男人们。

# KERASTASE



最起码在面对脱发问题的时候，绝对不能使用拖字诀来拖延时间。

尽快找回头皮的均衡，而使毛根得以活化回来，这就是恢复头皮与头发健康的关键。

可以在短时间之内恢复头发的健康！这也是为什么拥有巴黎欧莱雅研究所技术的卡诗产品，能够在这一个区块独占鳌头而受人瞩目的最大关键。

{　仲基的选择　}

可能因为我现在还是活蹦乱跳的年纪，所以脱发的问题还不算是那么严重。不过偶尔也会在压力比较大或是身体状况比较差的日子，会感觉头发掉落的异常之多。每当这个时候，我就会说家族遗传里面没有这种体质，来自己骗自己地自我安慰。不过这种情形多了之后，心里也开始慢慢不安起来。况且我的头发又属于没有力量又比较细的类型，所以会更加担心。就在那个时候，我的朋友推荐给我的，就是卡诗的产品。之前因为脱发而感到困扰的我这位朋友，推荐给我的时候还说应该很快就会感受到它的效果。而我刚使用特效护理洗发露的时候，说实在的也没有感受到有多大的不同。而要我硬找出其中的不同，我也只能说在冲水的时候的确感觉到头皮有那么一点凉爽。但是防脱发喷雾剂的效果，可是立即可以感受得到。我一直以为往头发上面喷洒过之后不必冲洗掉的这一种治疗剂，只是会散发出甜蜜味道的护发产品而已。但是在洗过头发之后用毛巾擦拭的时候，就可以直接察觉到毛巾上的落发没以前那么多了。它使用起来既不会黏腻，而且接触到头皮的瞬间立刻就会感到清爽，所以会让我产生一股想要一直继续使用的念头。后来由于我的头发逐渐变得比较有力，所以我就好奇地打电话去问了一下，结果他们告诉我说产品里面含有的亚美尼斯活发精华ＧＬ，扮演着能使头发变得有力的角色，而在容易脱发的换季时期使用，则更能发挥它应有的效果。之后我使用了 6ml 的 3 瓶左右，而在冲洗头发的时候的确发现头发变得较为有力。因此我也在此特别推荐给那些跟我的头发一样单薄，因而感到困扰的男士朋友们。

卡诗（KERASTASE）
特效护理洗发露（Specifique Bain Prevention）。
防脱发喷雾剂（Stimuliste）。
亚美尼斯活发精华 (Aminexil GL)。

# BURT'S BEES



所有的产品，都含有平均 99% 以上的天然成分。只使用可回收，或是已回收的原料来制造产品的包装，绝不使用化学原料，而只使用从大自然之中萃取的颜色来当成颜料的厂牌“BURT'S BEES”。我特别从中挑选了舍不得放手的 3 样产品。

BURT'S BEES
田园番茄润肤皂（Garden Tomato Complexion Soap）。
蜂蜡护唇膏（Beeswax Lip Balm）。
芦荟牛奶清爽身体乳液（Soothingly Sensitive Aloe& Buttermilk Body Lotion）。

{ 黄主编的选择 }

先来介绍草味十足的田园番茄润肤皂。从味道开始可以感受到健康的这个香皂，把含有大量抗酸化物质的番茄有效成分，原封不动地包装在产品里面，维持皮肤的 PH 值均衡，同时也具有舒缓皮脂腺的功效。据说它是使用从植物油里面萃取的脂肪酸及甘油来制造，所以对它的洗净能力还产生了些许的怀疑。不过在使用了一次之后，我就立刻推翻了我自己的想法。它拥有足以把整张脸上的油脂完全清除的洗净能力，因此是一个可以减少皮肤问题的产品。不过使用过后又不会感觉皮肤紧绷，所以也不会为皮肤带来负担，是非常适合油性皮肤的人使用的润肤皂。

接下来要介绍的是蜂蜡护唇膏。这是个在涂上去的瞬间，嘴唇可以感受到凉快而鼻腔可以闻得到薄荷香的护唇膏。对油腻感十足的护唇膏容易感到负担的男士朋友来说，是再适合不过的产品。如果不仔细地看，会以为嘴唇上什么东西都没涂，不过却也不会让嘴唇感到干燥，这也正是该产品的魅力所在。

最后再来介绍芦荟牛奶清爽身体乳液。甜蜜的奶油糖果香，会让因为身上分泌着独特的体味而感到苦恼的男人，感到重新诞生一般的喜悦。而且产品里面又含有芦荟的成分，也可以使因为去除角质而变红肿的皮肤，达到舒缓的效果。

# LANCÔME MEN

在男人的皱纹消失的事件现场，留下来的 4 条线索。
从皮肤保养的第一件物品洗面乳，到最终阶段的防晒霜。
就让我们来仔细地观察一下，留在现场而不能错过任何一件的某些证物。

兰蔻（LANCÔME）
男士极效洁面胶（Ultime Cleansing Gel）。
男士活肤眼霜（Age Fight Yeux）。

{ 仲基的选择 }

有一种类型的人，执意要使用属于男人的产品。而我虽然并不属于那一类型，但是却会被像是标记着“男人专用”的兰蔻产品所吸引，而真希望能够拥有一整套属于自己的产品。产品用起来说不上是干净利落，而倒像是给人一股很实在的感觉。尤其在我亲身使用了它的产品之后，这种感觉更加强烈了一些。

使用洁面胶的时候分明是柔软的泡沫在脸上，但用清水冲洗过之后，像是老废物质全部清除干净了似地让人感到清爽。虽然有那么一点紧绷的感觉，但不至于让人感到粗糙。洗过脸之后涂上去的凝胶模样的眼霜，不会产生油亮的感觉而让我感到满意。原本以为涂上去之后感觉有点湿润及清爽的眼霜，会发出油亮的情形，却没想到完全不会如此。而使用之后不只是黑眼圈的状况有所改善，就连累积在眼睛周围的疲劳感，也一起消失不见了。

要涂在整张脸上的能量精华，原本是凝胶模样的乳液，但接触到皮肤之后却会变得比较稀释而很容易被皮肤吸收。据说在产品里面有添加抗酸化复合体，而会为受到有害环境及压力的迫害而感到疲惫的皮肤注入一股活力。可能是因为如此，虽然不会一眼就看出脸上的皱纹立刻消失，但确实可以感觉到皮肤有变得比较健康。而且脸上的皮肤也像是有了活力一般地，立刻变得富有弹力。最后要提到的全方位防御抗晒乳，则就像是属于欧莱雅集团的产品一样，添加了麦素宁滤光环成分，所以绝对可以期待该产品能够有效地隔离 UVA 及 UVB 紫外线。而且该产品的黏稠度要比其他的欧莱雅产品稀释许多。显然他们也非常了解，男人为什么不喜欢使用防晒霜的主要原因。这个产品的紫外线隔离系数很高，而且又降低了油分的含量，所以可以无负担地来使用。

# SKEEN+



skeen+ 是为了无法只以收敛水及刮胡须产品感到满足，而与老化对峙的过程中，希望能找到更有效的皮肤保养产品的男人们而诞生的药妆品牌。它非常有感觉的包装设计，会吸引人们的目光；而女人比男人更喜欢的机能性成分，会悄悄偷走你皮肤的年龄。

SKEEN+
夜间抗老再生乳液（Fluide Régénérant Anti-Âge Nuit）。
回春精华液（Sérum Revitalisant）。
眼部抗皱再生乳液（Fluide Anti-Rides Défatigant Yeux）。
浓缩抗老面膜（Masque Concentré Anti-Âge）。

{　仲基的选择　}

如果化妆品的包装已经到达这种程度，那么暂且不论它的效果怎么样，也已经足以吸引消费者的眼光了。排字、颜色、外形，任何方面都是非常出众的。再加上它的效果又非常卓越，所以该产品明明就是为男人生产，但听说在国外的女性消费者要占 30%以上。由此看来，就算它的价格定的稍微高了一点，也只好当做没瞧见了。我挑选了其中几样销售得非常好的抗老产品，来供大家做参考。夜间抗老再生乳液，会用成分里面含有的低浓度B柔肤果酸，来把皮肤的状况变得较为柔嫩。它就像是适合夜间使用的产品似的，湿润感可以维持相当久的时间。可能是因为产品里面添加了据说医师会为烧烫患者处方而增加皮肤再生能力的含羞草成分，所以皮肤的弹性确实会变得比较好。回春精华液则是在产品里面含有AHA及维他命C的成分，而在去除角质的同时，可以改善皱纹状况的非常聪明的产品。虽然它很容易被皮肤吸收，但涂抹起来也非常地柔顺，所以只要用很少的量，就可以涂满一整张脸。只要使用一个月左右，就可以从别人的口中听到自己的肤色有变明亮的声音，可见它的确有使肤色变明亮的功效。在使用过眼部抗皱再生乳液之后，其他的我不知道，但是眼睛的疲劳感确实有减轻，而且眼睛也不容易下垂。浓缩抗老面膜则是需要先涂在脸上 20 分钟左右之后，再用清水冲洗掉的抗老化面膜。而似乎含在产品里面的抗酸化维他命A，会为脸上的皮肤注入一股活力。我可以拍胸脯保证，在使用过这些产品之后，绝对会认为贵也有它贵的价值。

{　黄主编的选择　}

光使用一样洗面剂产品之后，就可以感觉得到 SKEEN + 绝对不是只因为产品包装漂亮而受到大家欢迎的品牌。因为它并不会像其他家厂商一样，朦胧地在产品上面写着专为干性皮肤设计的洗面剂，或是可去除油脂的洗面剂之类的字句，而是在它的产品上标示着甘醇酸 0.14%、0.3%的维他命E 等，透过非常准确的数据，来从洗脸的阶段就开始告诉使用者，它们是经过彻底的计算，来严密地保养我们的皮肤。

根据专家们的分类，现在已经细分成了许多种类的洗面剂。我们就先来看一下归类于洗面奶类的柔和滋润清洁乳好了。由于在柔和滋润清洁乳里面含有芦荟及维他命E & F 的成分，所以在洗过脸之后不会产生紧绷的感觉。是适合每次洗完脸之后皮肤就会变得敏感的人使用的洗面剂。在用它柔软的泡沫洗脸的同时，如果顺便按摩 30 秒左右，则不只是会把脸上的老废物质洗净，也会让肤色变得较为明亮。

如果是对分泌过多的油分感到苦恼，而且也会感觉到皮肤有变粗糙，那么我就强力推荐去角质霜！由于产品里面含有甘醇酸的成分，可以有效地溶解角质，而且也可以把分泌过多的油脂清洗干净。不过它丝毫不会让皮肤感到刺痛，也不会出现红肿的现象，所以是个无刺激地可去除角质的产品。

洁面凝胶则是个最不会有问题的洗面剂！它就跟公司其他产品一样，去除了所有的色素以及香味，并添加了多样的维他命成分，来为皮肤注入活力的洗面剂。而在用它洗过脸之后，几乎找不到任何一点会感到不足的地方。

# BOBBI BROWN



说它只是一个单纯的化妆品品牌吗，出了名的皮肤保养产品却又出奇之多的芭比波朗。他们这一次新推出的美白系列产品，之所以会让大家感到瞩目，是因为他们特意跟其他厂牌做的差别市场经营策略、纯白色的产品容器，以及消费者一直对芭比波朗的产品的信念所致。

芭比波朗（BOBI BROWN）
光透净白化妆水（Brightening Hydrating Lotion）。
光透净白精华液（Brightening Intensive Serum）。

{ 仲基的选择 }

芭比波朗的皮肤保养产品，对其他的男演员也都非常具有人气。而我可以打包票地说，它简单的产品容器设计，绝对为它加了不少分数。因为男人也会对产品的容器，感到有兴趣。这一次新上市的美白系列产品，感觉是不是很像瞄准了男人的心理而生产的呢？因为它的产品设计，就算放在男人的化妆台上也不会感到有什么奇怪。我在试用了一下之后发现，有橘子香味的光透净白化妆水，就像它发出的香味一样，使用后立刻会感到清爽地对皮肤具有保养功效。这似乎像是延续了舒缓保湿化妆水（Soothing Face Tonic）原有的优点。而就像是牛奶一般稀释的光透净白精华液，据说在里面添加了可以使肤色变得比较明亮的维他命C、葡萄、桑葚等的成分，但是却跟化妆水不同地少了一股香味，所以使用起来比较平淡一些。

光透净白水润凝霜（Brightening Moisture Cream）。
SPF50/PA+++ 光透净白隔离霜（UV Protective Face Base）。

不过因为很容易涂抹，所以只要使用一点点的量（挤出一次的量，就足以涂满整张脸），就可以涂满整张面孔，所以可以省着点用。我使用还没几天，就可以察觉得到肤色的确有变得明亮一点。但是我并不很确信这到底是不是精华液的功效，因为我为了保持湿润的感觉，又在皮肤上面涂了一层不会感到负担的水润凝霜。有可能因为它们的美白系列产品全都是以水润为主题，所以产品的保水湿效果似乎维持的特别久。而就从它们的紫外线隔离产品光透净白隔离霜来看，涂上去也不会产生黏腻的感觉，而且很容易被皮肤吸收之后只留下些许的光泽以及湿润感。看样子这对过去使用美白产品而产生皮肤干燥及敏感反应的男士们来说，将会是个非常受到欢迎的产品系列。

# CLARINS MEN

由娇韵诗提议的皮肤保养三阶段，就是“化妆水 + 保湿剂 + 防晒霜”。
它就像是非常重视基础保养的品牌般地，向老是会嫌麻烦而不喜欢抹东抹西的男士朋友，重点指出了几样必须使用的产品。

娇韵诗（CLARINS）植物爽肤水（After Shave Energizer）。

{ 黄主编的选择 }

娇韵诗的男士系列，向来以它亲切的容器设计出名。在它产品名称下面的简单图表以及说明，有助于让人了解产品的内容。而这些图表的意义，只要用一次它的产品就明白了。

娇韵诗的亲切，就从它针对会嫌麻烦的男人而生产的三阶段系列产品，可以更加明确地显现出来。仔细观察这些产品的构成要素，就会发现它们是个对水分供给以及紫外线隔离等的基本面上，非常忠实的系列产品。首先我们来看一下第一阶段的化妆水，植物爽肤水可确实地舒缓刮完胡须之后皮肤感到的灼热感。不过如果直接倒在手上之后涂抹在脸上，有可能会出现强烈的刺激感，所以最好是先蘸在化妆棉上之后再涂在脸上，则只会产生提神程度的清爽感。除了没有刮胡子而不需要对皮肤进行降热，或是不喜欢皮肤受到刺激而喜欢使用比较柔和化妆水的人士之外，就像它产品图表上面的说明一般，对于感到火热起来的皮肤，具有非常良好的镇定作用。而它似乎也把焦点瞄向了一般男人，比起干性皮肤，油性皮肤的人可

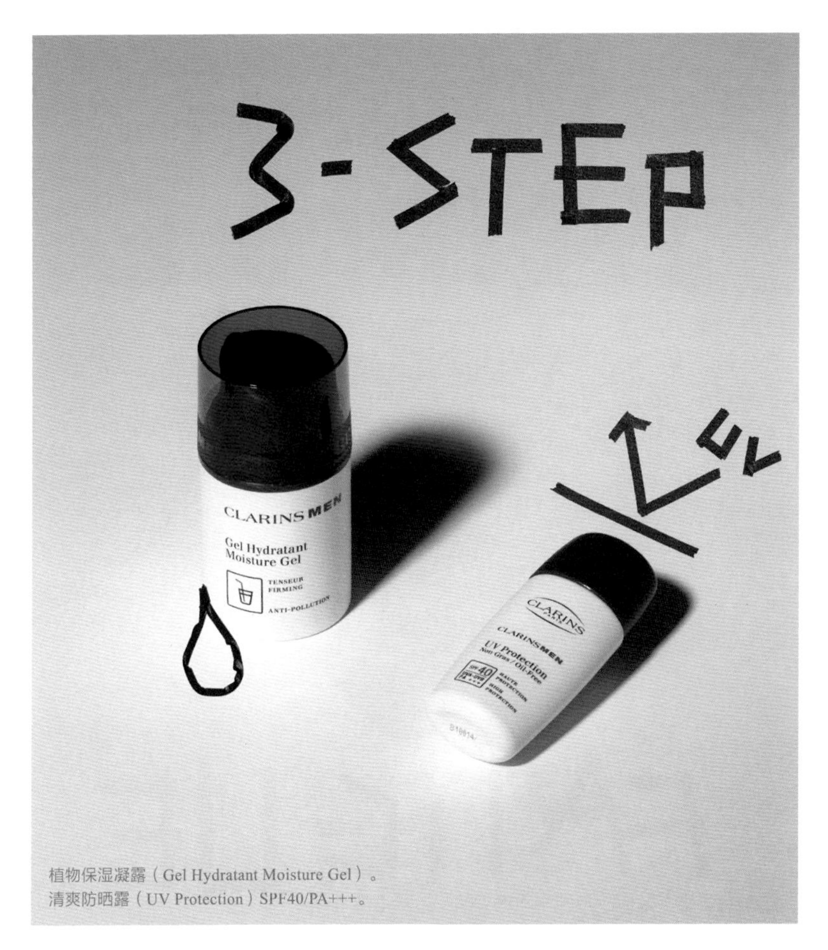


植物保湿凝露（Gel Hydratant Moisture Gel）。
清爽防晒露（UV Protection）SPF40/PA+++。

能会对它更有兴趣。

下一个阶段的保湿产品，有可依皮肤的类型而选用的保湿凝胶及保湿软膏。而像我这种一到中午就会变得油光满面的油性皮肤，比较适合使用保湿凝胶。在使用过化妆水之后尚有清爽感留在脸上的时候，再涂上一层凝胶形态的保湿产品，则脸上的清凉感可说是会达到极致。不过如果不喜欢化妆水的强烈刺激感，那么光靠保湿凝胶也可以感受到足够的清爽感，所以化妆水的阶段就可以直接省略。而如果洗过脸之后皮肤会感到紧绷，那就要使用保湿软膏，湿润的感觉才会比较持久。最后阶段的防晒霜，它稀疏的产品形态让人印象非常深刻。也因为如此，涂起来感觉非常地方便，而且吸收力也非常之快。由于它会在皮肤表面形成一层由天然矿物质形成的防护薄膜，除了可以100%地隔离紫外线之外，使用之后皮肤变得比较柔嫩也是该产品的魅力所在。虽然使用完该产品之后洗脸的时候要洗得更仔细一点，但是对于过去因为不喜欢油光满面的感觉而避开防晒霜不用的男人而言，这一点的程度足以忍受，而且也很受到一般男人们的欢迎。

# VICHY HOMME

薇姿男士系列为了替疲惫的皮肤充电而选择的成分是维他命 C.
现在就让我们来了解一下，含在各产品里面的维他命 C，到底会带来什么样的效果吧。

薇姿男士系列（VICHY HOMME）抗皱紧实眼霜（Liftactiv Eyes）。

{ 黄主编的选择 }

说实在的我也不是很认真地在涂眼霜，而其中的一个理由就是，懒得再去涂另外的产品。连我都有会这种想法，那么对化妆品不怎么关心的男人就不用多说了。所以要选用眼霜的时候要考虑到的一项基准就是——“要有使用上的乐趣。”而这一项产品，就是包含了这种功能而获得了我不少的分数。据说它长长的喷管也具有按摩的功能，说实在的我也不是很确定是否因为如此而效果会变得更好，但却也增加了我使用上的乐趣而喜欢用它。而它也忠实地扮演着不会让眼角干燥的眼霜角色，涂上去之后眼角也久久不会感到干燥。而这项产品最值得称赞的地方，就是使用之后皮肤不会变得油亮。而我持续地按摩着使用了 3 个星期左右之后发现，因为之前累积疲倦而一直感到闷闷的眼角，竟然开始感觉有活力了。我睡眠的时间也不是增加到足以消除黑眼圈，但却显得比以前明亮了许多。虽然眼角多少都会有些皱纹，但是对眼角的皱纹太多而感到烦恼的男士朋友来说，绝对是一项必需的产品。

薇姿男士系列（VICHY HOMME）抗倦容能量精华液保湿乳（Hydra Mag C）。

{ 仲基的选择 }

我之前老是对外国厂牌那些难懂的产品名称有意见，但是在看到这个产品的名称之后，我立刻就知道是什么样的产品了。不过用“精华液保湿乳”来命名产品名称，对化妆品还不是很关心的我国这些男人来说，似乎又有点太过亲近而让我感到有些遗憾。^ ^

命名为精华液保湿乳，可能是为了要强调该项产品像是个精华液一般很容易被皮肤吸收、而且也是个含有多样的有效成分的保湿乳，但这反而增加了使用上的困扰。不过产品的吸收力的确非常好，而且效果也似乎更强。因为涂上去之后马上就会被皮肤吸收，而虽然皮肤表面不会出现油光，但用手抚摸却又能感到非常地湿润。产品说明上面记载着里面含有适量的镁及维他命C之成分来活化皮肤的细胞，而使用后确实可以感觉到气色变得比较好。

对于不喜欢涂太多的保养产品，而且对涂上去之后会产生油分而感到负担的油性皮肤男性来说，这是个非常理想的产品。

# Dr.YOUNG



我亲自试用了一下透过科学方式检定的专利成分，以及与皮肤亲和相容的自然成分为主，开发出来 Dr.young 的最佳畅销产品。

Dr.young 毛孔隐形修饰霜（Pore Eraser Balm）。

{　黄主编的选择　}

说实话，我也是个不相信化妆品会让毛孔变小的人。因为之前我也用过了许多出名的品牌，但从来没有亲眼看到任何一种化妆品能使毛孔变小。所以面对毛孔有问题而感到抱怨的人，我就会直接推荐有遮掩毛孔功效的产品。而这项产品，具有非常良好的遮掩毛孔功效。把象牙色的乳霜（虽然英文名称是乳膏，但产品类型更接近乳霜）涂在皮肤上之后，硅胶底霜会立即紧密地贴在皮肤上，而会产生柔嫩的效果。它就像是在皮肤上遮盖了一层薄膜一样，不只是可以减少皮脂的分泌，也可以阻止油光的出现。又不会产生闷闷的感觉，这也是这项产品的优点所在。不知道是否因为产品里面添加了成长于阿尔卑斯山上的草本植物精华萃取物，皮肤比较不容易干燥，柔嫩的感觉也非常持久。而且感觉上淡淡的象牙色，也会让肤色变得较为明亮一些。对于想要遮掩的皮肤瑕疵较多，而且因为满脸的油光而感到烦恼的男人来说，这绝对是个必备的化妆品。

Dr.young 高效保湿喷雾（Springkling Mist Toner）。

{ 仲基的选择 }

对于一个演员来说，通告排得满档虽然是一件幸福的事情，但在忙碌之后，很容易就会把皮肤保养当成是一件别人的事情。在拍摄场景比较多的日子，往往会因为灯光的热气而使皮肤变得比较干燥。所以我非常爱用不分时间与地点，都可以很方便地喷洒在脸上补充水分的喷雾剂。或许会有人认为把喷雾剂喷洒在脸上之后，当喷雾剂的水分蒸发的时候会顺便把脸上原有的水分一起带走，但根据我的经验的确有良好的保湿效果。这或许是由于喷洒的方式不同,或许是挑选产品的眼光不同。该产品在使用的冰川水里面，添加了各种的保湿及舒缓皮肤的有效成分，来提高了皮肤的水分保有能力。而且产品里面又加入了香浓的热带水果香,向主张"喷洒白开水不就好了吗"的人士们提出了明确的使用理由。每当皮肤感到干燥的时候，喷洒上非常细微的雾水，轻轻地拍打脸庞来帮助吸收，确实不会让皮肤感到紧绷。而且另外一个好处就是，就算喷洒在已经上了妆的脸上，也不会让脸上的妆花掉。

Epilogue1.

# {美肤男计划完成}

算一算，也刚好就在一年前，我听到了出道以来最让我感到荒唐的事情。当时我刚结束拍摄外景的工作，就去了一趟我隶属的经纪公司。没想到我的经纪人大哥突然对我说："仲基呀，我们出本书吧。""出书？""嗯，美容书。"

噗嗤，我听了之后当场笑了出来。我心想，我的经纪人大哥又在寻我开心了。我哪有什么能力可以出书啊，而且还是跟美容相关的书。咦，可是我现在竟然在写着后序呢！^^

我的经纪人大哥还告诉我说，这本书将会跟一位美容专栏的主编一起出，所以也不要太感到负担，只要把我个人所知道的东西写出来告诉大家就行了。但是，我真的完全（！！）不会感到没有负担。因为我一直觉得我这一路走过来，并没有什么了不起的地方。被别人称之为美肤男也有些害臊，而且跟其他出书的演艺人员相比较，我不足的地方还真的很多。况且就算出了书，也不知道能不能被别人看上一眼，所以心里感到很不安。这时候我的经纪人大哥又补上了一句："你那些朋友，不正需要这种书吗？"

那时我怦然心动了一下。我的脑海里面也突然出现了那些虽然不是很重视外貌，但是老想要为心爱的她，或是踏入社会的第一步，以及进入社会之后与客户见面的时候，只是想要为对方多少留下一点好印象，来过自己平凡日子的那些男人——我的朋友们。只因为一个男人的理由，就算问我这个朋友也会羞于开口而扭捏地向我"咨询皮肤"问题的那些朋友们，如果我真可以出一本这方面的书来送给他们当礼物，那真的会是一件非常棒的事情。

"我那些朋友们会感到困扰的问题，会不会同样地困扰着更多的男人呢？"

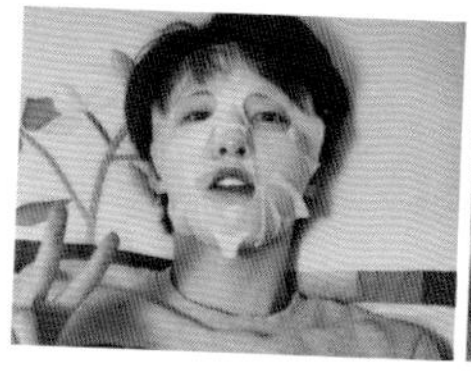

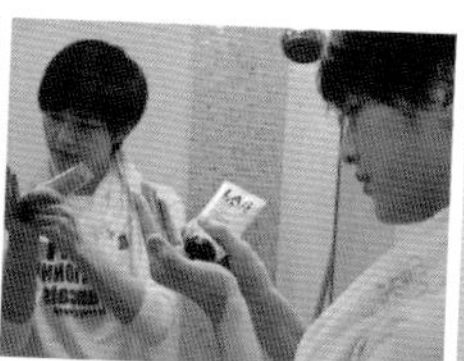

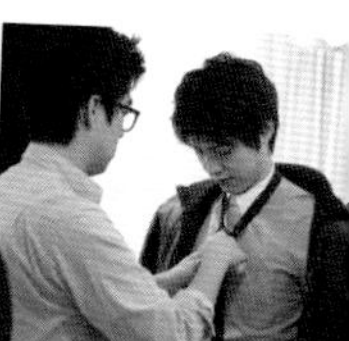

在那瞬间，我的欲念也就产生了。我突然想要成为一心想要保养皮肤却羞于开口的那些男人的朋友。于是，我就开始着手了，美肤男计划。

呼，只是我没想到，出书真不是一件简单的事情。

刚开始的时候，我就只是把我的经验写出来，进行的非常顺利。可是愈写到后面，也就感觉愈累。因为这些并不是我从理论开始学习得到的知识，而是经由日常生活的累积而得到的经验，所以不知道我之前使用的方法在实际上是否正确，还要一一确认我原来的知识是否有误。于是我就开始到处调查，搜集资料，去找皮肤诊所的院长问东问西，也探索了一下我周围那些“皮肤柔嫩”的人们到底是怎样来保养自己的皮肤。

不过我最常去麻烦的人，就是跟我一起出这本书的黄珉荣记者大人！而我在这本书里面所写的内容，也都是先向黄记者大人咨询之后，经过多次的讨论及检查，然后一一整理出来的。而且因为我拍片的时间又不固定，所以就动员了ＭＳＮ、电子信箱、短信等所有方式，不分昼夜时辰地来烦黄记者大人。管他是晚上还是凌晨、在办公室里赶截稿还是在外面进行采访，只要黄记者大人还醒着，我就会毫不客气地去骚扰他。

就这样昏天暗地埋头苦干之后，一晃眼一年就过去了。我利用拍片的空当来“写原稿”的过程虽然非常辛苦，但一想到会高兴地迎接我这本书的读者朋友，以及总算是完成了一本书的成就感，心里就开始莫名地兴奋。再过没几天，我的成果就要公诸于世了。

藉此机会，我要向在我写书的期间给我很多帮助及勇气的人们，表达我内心的感激。

最先，我要谢谢给我这么好的提案，以及给了我这么宝贵经验的ANTENNA BOOK权由美总编辑！我常以忙碌的拍片工作为借口，三番两次拖延截稿时间，而且也逼不得已地造成了很多困扰。非常抱歉，也很感谢！孙英美室长，被字写不好的我搞得吃了不少苦吧。ANTENNA BOOK家族们，还有SIYA摄影工作室的柳振民室长，为了拍照片而辛苦的池弘室长。谢谢各位帮我印制了这么好看的书！

一直在我的身边为我打气的SIDUSHQ家族成员们～郑勋铎社长、常荣、正勇、方玉、炳昱、祥侑、庆熙、容硕、尚烈、大雄！虽然因为大家是男人，而不能跟你们紧紧抱在一起，但我一直都很谢谢你们，我会加油的！车太贤、金基邦、宋钟浩、赵寅成、张赫、池贤宇各位大哥！各位大哥向来都是我的好榜样。不断地在我身边耳提面命，而让我成长的沈儿英、鲜宇善大姐！谢谢喔。

当我被许多事情压得感到心烦的时候，成为我活力的B02成员们——相民、柱焕、泰均、敏基、锡昌、善模、应奎～大家一定要发大财呦！《音乐银行》（Music Bank）的李载宇、高元锡、朴贤珍、赵成淑各位导播！申如贞、徐汉纳、文静善、崔智僖各位作家！以及多顺、徐孝琳！因为你们，

所以让我的星期五很快乐。《妇产科》的张瑞希、安善英、李英恩大姐～高周元、徐智硕大哥～各位的美容保养日常生活，我可是从你们身上抄袭了好多呢。连续剧也拍完了，我们找时间一起去玩吧，一定喔！！

既像朋友，又像姐姐的我的良师益友李允贞导演、我珍惜的好朋友闵孝琳、认真指导我的田明奎教授。非常感谢各位，在我感到不安的时候能够给我勇气。乖巧而帅气的小弟珉豪、俊浩！你们也要好好加油。还有我亲爱的 SUBS 前辈、晚辈以及同期们！以及我的好朋友们……不用我多说，你们也会明白吧？ ^^

虽然因为害羞而不知道该如何表示，但第一次让我拥有粉丝俱乐部的“KiAile”家族成员们！各位知道因为有了各位，才会有我的吧？我也向来谢谢各位的支持，而且好爱你们……

最后要特别谢谢向来都是我后盾的爸爸、妈妈、哥哥以及我可爱的妹妹涩琪。我的家庭成员们，我真的好爱你们！！！另外，也向《美肤男计划》的伙伴、成为我坚强的助力以及为了引导各方面不足的我而吃尽了苦头的黄珉荣记者，特别说声谢谢。比我这个明星的皮肤还要好的黄珉荣记者！被我害得吃了不少苦吧？这段时间真的辛苦你了。你是最棒的！！！你才是真正的蜜皮肤！！！！！！！！

现在，我的美肤男计划已经完稿。但是在这本书之外，日常生活中的真正美肤男计划，则是会“永无止境”地延续下去。与正在看本书的你，一起。

2010 · 3 宋仲基

Epilogue2.

# {接下来，该是轮到你行动的时候了}

说句实话，我并不是把命悬在皮肤保养上面的男人，也不是一个认真保养皮肤的人。虽然比别人多知道一些有效的保养方式，但是就算知道，也不是那么勤快，而且也不是那么阔绰。

再加上最近为了要介绍出现在书本里面的产品，在必须要亲自体验的使命感驱使下，在脸上不停地涂抹了许多不同的产品之后，我的脸庞也终于受不了而长满了粉刺。在盛怒之下，我又气不过地用手直接去挤之后，脸上也出现了黑漆漆的粉刺痕迹。奉劝别人不要喝太多的咖啡，而必须要喝 2 公升以上的水，我自己喝的咖啡则是一天至少 5 杯；写着在皮肤细胞运动活跃的晚上 10 点到凌晨 2 点的时间务必要睡觉这些字句的时间，其实是在凌晨 5 点钟。

我之所以会这么老实地告诉各位这些事情，并不是为了要说这本书是男人写的，所以可信度并不高，而是为了要告诉各位，就算累积了某些程度的皮肤保养知识，但是如果没有好好地去实行，那也是完全没有意义。

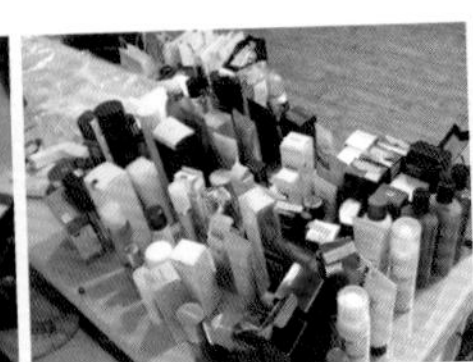

我们的皮肤就像是女朋友一样，如果对她好一百次而犯错一次，那么那个错误就会被她记很长的一段时间。所以就算好好保养了一百天，只要脸上的皮肤干燥一两天，皱纹就会跑出来；放任满脸的油光一两天，脸上也就立刻会有粉刺冒出来。所以对待皮肤就像是对待女朋友一般，要一刻也不能疏忽、无时无刻地细心照料。

不过令人欣慰的是，它绝对不会辜负我们对它的照料。它会用想遮也遮不住的柔嫩光滑肌肤，来报答我们对它的细心照料。所以虽然我在这本书里面好说歹说了老半天，但是最终还是很不负责任地用“保养皮肤是个人的事“这句话来做结尾。由自己来找出适合自己的保养方式，选购适合自己的保养产品以及每日用自己选购的产品来保养皮肤。

其实这本书扮演的角色，也只是推荐、劝导以及提供少许的皮肤情报而已。而当初的出发点，也不是想要把所有男人的肤质全部改善，或者希望满街走动的都是美肤男。而是希望男人们至少知道什么是化妆水，乳霜应该在什么时候使用，而不要只拿一支口红当成礼物来送给女朋友。而在这里我只能保证的一件事情就是，只要好好地进行保养，那肤质确实会变好。就这样而已。

皮肤保养，也只是一种习惯。一旦懂得保养之后，就会开始产生兴趣。而看到明显变好的皮肤，心里也会出现成就感。由于一个人享受这种乐趣太可惜，为了告诉更多的男性朋友，于是我就扛起了这支笔杆。也因为如此，我成了一个老是向 ANTENNA BOOK 拖延截稿时间，而无法准时交稿的骗人作家；对朋友来说，我则是成了以写书为借口，避不见面的坏家伙；而对家人来说，我却又成了要出一本书，而把所有的压力转嫁给家人，一天到晚乱发脾气的老幺。不过却没有人知道，面对截稿时间而来自于 ANTENNA BOOK 的催促压力；为了测试数十种品牌的乳霜，用了数十种品牌的洗面剂洗脸而导致脸皮红肿的痛苦；就算在家里气焰很盛的老幺，一整个周末也都必须躲在房间里面熬夜赶稿，而星期一清晨又得打起精神，强忍睡意前往公司上班。

我之前对在年底颁奖典礼上受奖的演艺人员开口闭口就说出一箩筐要感谢的人不甚认同，但是现在我却想要对他们说声抱歉，因为我现在真的也有同样的感觉。就因为我要写书而替我分担不少事情的宝岚、爸爸、妈妈、岳父、岳母、哥哥、姐姐、姐夫、俊赫、宝钦，谢谢大家。一直没能联络的好朋友们，对不起啦，我摆一桌补请你们就是了。而说我成了大叔之后就变得很无趣的公司前辈们，各位就先帮我买几本书吧，我可得买房子呢。由美总编辑，真抱歉这段时间一直让你烦心，我这个人天生就是如此，也真没什么法子。哎唷，一切都会很顺利的啦。仲基，你也辛苦了。这段时间我老是指使你去做一些有的没的事，那是因为我偶尔会忘记你是演艺明星的缘故。不过也因为如此，书本变得更明亮了呢。池弘前辈你也辛苦了，应该没有第二本化妆品书会像你这么认真地把化妆品一一拿来拍照了，所以你要感到自豪啊。英美室长，老是被我无法约定时间而拖延交稿弄得吃了不少苦头吧，真的很抱歉，也很谢谢你。啊，现在终于结束了。

2010 · 3 黄珉荣

피부미남 프로젝트 男人脸书 Beauty Guy Project by 宋仲基 Song Joong Ki，黄珉荣 Hwang Min Young

Simplified Chinese language edition arranged with Woolin
through Eric Yang Agency Inc.

著作权合同登记图字：20-2012-41 号

本书译文由大田出版有限公司授权使用

图书在版编目（CIP）数据

男人脸书：男士护肤必修课 / 宋仲基，黄珉荣著．
— 桂林：广西师范大学出版社，2012.8（2016.5 重印）
ISBN 978-7-5495-2514-0

Ⅰ．①男… Ⅱ．①宋… ②黄… Ⅲ．①男性 – 皮肤 – 护理 – 基本知识
Ⅳ．① TS974.1
中国版本图书馆 CIP 数据核字 (2012) 第 194936 号

广西师范大学出版社出版发行
桂林市中华路22号　邮政编码：541001
网址：www.bbtpress.com

出 版 人：张艺兵
全国新华书店经销
发行热线：010-64284815
小森印刷（北京）有限公司印刷

开本：690mm × 965mm　1/16
印张：19　字数：150千字　图片：396
2012年10月第1版　2016年5月第4次印刷
定价：48.00元